汉竹编著·亲亲乐读系列

妈妈这样做，
宝宝不挑食
不偏食

刘桂荣 主编

汉竹图书微博
http://weibo.com/hanzhutushu

江苏凤凰科学技术出版社
全国百佳图书出版单位

前言

"宝宝该添加辅食了，添加什么好呢？"

"我家宝宝不爱吃有菜的辅食，怎么办？"

"宝宝吃什么辅食能长得高？"

"宝宝吃什么能更聪明？"

给宝宝添加辅食，是为了让宝宝更好地发育，长得更强壮，不过，由于很多妈妈对辅食了解并不多，面对宝宝，却不知道应该怎么添加辅食。别急，本书就来告诉你，何时给宝宝添加辅食，添加什么样的辅食，怎么做辅食，让妈妈不慌不忙，养壮宝宝。

本书根据蔬菜水果类、肉类、海鲜类、蛋类、坚果及豆制品类、主食类几个方面，向妈妈介绍营养美味的辅食。此外，本书按照宝宝的月龄、1~2岁、2岁后对每类辅食进行细分，让妈妈快速找到适合自己宝宝年龄的辅食。

本书还从辅食造型、辅食口味入手，让宝宝更容易接受辅食，形成不偏食、不挑食的饮食习惯，让宝宝自然而然地接受更多辅食，顺顺利利地健康发育。

宝宝长高个食谱

莲藕薏米排骨汤 P78

小米蒸排骨 P85

虾皮鸡蛋羹 P101

茄汁虾 P105

鹌鹑蛋排骨粥 P118

芝麻米糊 P132

虾皮豆腐 P140

排骨汤面 P150

芝麻酱花卷 P161

提高宝宝免疫力食谱

西红柿苹果汁 P43

鸡汤南瓜泥 P53

蛋黄碎牛肉粥 P75

奶油鱼羹 P96

西红柿厚蛋烧 P122

五色紫菜汤 P136

多彩饺子 P156

蛋包饭 P160

杂粮水果饭团 P162

Part 1
科学喂养，让宝宝从一开始就不挑食

目录

Part 2
百变辅食，宝宝从此爱上吃饭

鸡蛋：花样变变变，百吃不厌 . 112

Part 1

科学喂养，让宝宝从一开始就不挑食

有些宝宝这也不吃，那也不吃，真是让妈妈头疼：由着他（她）吧，营养跟不上，影响生长发育；逼着他、哄着他吃吧，费很大力气而且效果不好。如果妈妈不想以后也面对这个问题，那么从一开始就要坚持科学喂养，让宝宝养成不挑食的好习惯。

宝宝不挑食，从添加辅食开始

要想让宝宝不挑食，妈妈从添加辅食开始就要培养宝宝健康的饮食习惯，这样才会让宝宝从一开始就不挑食，爱上吃辅食。以下是关于添加辅食的一些常识，妈妈可以提前了解。

什么时候可以吃辅食

人工喂养及混合喂养的宝宝，满 4 个月后，在身体健康的情况下，就可以尝试添加辅食了。不过，6 个月之前，宝宝的肠胃发育还不健全，唇舌比较紧闭，会将固体食物反射性地顶出来。6 个月时，宝宝不再将食物顶出来，因此这时是开始添加辅食比较好的时间段。

世界卫生组织的最新婴儿喂养报告提倡：前 6 个月纯母乳喂养，6 个月后在母乳喂养的基础上添加辅食。这样做的好处是将宝宝感染肺炎、肠胃炎等的风险降低；同时，纯母乳喂养时间比较久，妈妈的月经来得也会比较迟，对产后身体恢复更有利。

在纯母乳喂养的情况下，如果妈妈的奶水充足或宝宝体重增加理想，最好在满 6 个月后再添加辅食。但具体何时添加，应根据妈妈的奶水量和宝宝的实际发育状况来定。

第一道辅食是什么

第一次给宝宝添加辅食要吃什么呢？很多爸爸妈妈都不知道该如何选择。专家建议，首次添加辅食最好选择婴儿米粉。

婴儿米粉是专门为婴儿设计的营养辅食，富含碳水化合物，与同样富含碳水化合物的麦粉相比，更不易引起婴儿过敏，适合作为宝宝的第一口辅食。

营养米粉中所含有的营养素是这个年龄段宝宝发育所必需的，而且营养米粉的味道接近母乳和配方奶，更容易被宝宝接受。

营养师这么说
"如果宝宝有湿疹症状，要暂停给宝宝吃可能会引发过敏的食物。母乳喂养的妈妈也要注意不吃易致敏的食物，否则，也可能会通过母乳使宝宝过敏。"

如果宝宝是早产儿，要提前添加辅食吗

由于宝宝是提前出生的，妈妈就怕缺了什么营养，总想着给宝宝补一补。尤其是看到周围同龄宝宝添加辅食了，妈妈更担心宝宝的成长发育落后于别的宝宝。

其实，妈妈的母乳含有更多的蛋白质、热量、矿物质、微量元素和抗体等。比辅食含有的营养更丰富、更适合宝宝，所以妈妈不要为宝宝的营养担心，你的奶水就是宝宝最好的营养。采用人工喂养的妈妈也不要因为没有奶水或奶水不足而担心，医生会根据宝宝的情况给予指导，让宝宝健康成长。而且，现在很多大品牌商家都推出了专门的早产儿配方奶，也能满足早产儿的成长需要。

早产儿肠胃发育进程落后于足月儿过早地给早产儿添加辅食，容易增加宝宝的肠胃负担，可能引发腹泻、便秘、过敏等疾病；另一方面，也容易让宝宝摄入过多的脂肪、热量、糖分等，引发肥胖。

那么，什么时候添加辅食最好呢？关于早产儿添加辅食的时间，不能按照宝宝的实际出生月龄来计算，而应按照矫正月龄来计算。当早产儿矫正月龄（根据宝宝的预产期计算，即实际月龄减去早产月数。）满4~6个月后，可以根据宝宝的实际情况来判断是否需要添加辅食。

辅食添加的顺序

在对食物的选择和加工上，可参考宝宝辅食性状添加顺序表。具体的要根据宝宝的发育情况来进行。

4~5个月：流质食物，如米粉、菜水、果水、米汤等。6~8个月：半流质、泥糊状食物，如菜泥、果泥、米糊、蛋黄泥、鱼泥、肉泥、稀粥等。9~12个月：软固体、颗粒状食物，如稠粥、菜碎、烂面条。

添加辅食不要过快，一种辅食添加后要适应1周左右，再添加另一种辅食。注意不要在同一时间内添加多种辅食。炎热的夏天，宝宝消化功能较弱，最好少加新的辅食品种。

宝宝辅食性状添加顺序表

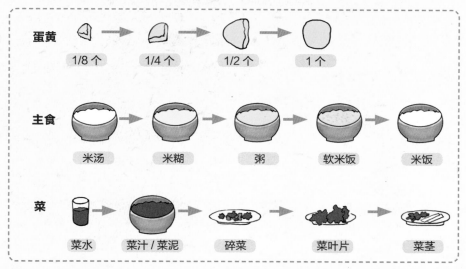

| 蛋黄 | 1/8个 | 1/4个 | 1/2个 | 1个 |

| 主食 | 米汤 | 米糊 | 粥 | 软米饭 | 米饭 |

| 菜 | 菜水 | 菜汁/菜泥 | 碎菜 | 菜叶片 | 菜茎 |

过早给早产宝宝添加辅食，易加重胃肠负担。

市售辅食和自制辅食哪个好

自制辅食的最大优点是新鲜，而且妈妈在制作辅食的过程中，能够更深刻地体会到为人母的那份幸福，也加深了亲子之间的感情。但是，自制辅食如果不注意科学搭配和合理烹调，容易出现营养流失过多、营养搭配不合理的情况，对宝宝的健康成长同样不利。

市售辅食最大的优点就是方便，无须费时制作。以婴儿米粉为例，它是宝宝第一口辅食的首选，营养全面且易于吸收，能充分满足宝宝的营养需求。但是，婴儿米粉有两个很明显的缺点，一是价格较高，会给家庭带来一定的经济压力；二是产品质量良莠不齐，购买的时候一定要谨慎，下面就为妈妈介绍几点购买辅食时应注意的事项。

1. 挑选大品牌的产品

相比较而言，大品牌的产品具有相应的规模，产品质量和服务质量都经过了较长时间的市场验证，比其他小品牌更值得信赖。

2. 仔细看食品标签

看包装上的标志是否齐全。按国家标准规定，在外包装上必须标明厂名、厂址、生产日期、保质期、执行标准、商标、净含量、配料表、营养成分表及食用方法等项目，缺少上述任何一项都不规范，妈妈不要购买。

3. 看食品添加剂

食品添加剂并非都是不安全的，有些市售的辅食中会添加有利于宝宝发育的物质，妈妈不要一看到辅食配料表中有添加剂就放弃购买，而是应该做到心中有数，明白哪些添加剂对宝宝健康无害，哪些添加剂不应出现在辅食中，下面就为妈妈介绍几种不应该出现在宝宝辅食中的添加剂：人工甜味剂（如糖精钠、三氯蔗糖、安赛蜜、阿斯巴甜、山梨糖醇、麦芽糖醇等），防腐剂（如苯甲酸钠、山梨酸钾等）。

4. 看色泽，闻气味

质量好的米粉应呈现出大米般的白色，颗粒精细、均匀一致，有米粉的香味，无其他气味。

营养师这么说

"自制辅食可以选择的原料要丰富，蔬菜、水果、鱼虾、肉类等无所不有，有利于培养宝宝接受多样食物的习惯，不容易出现偏食的毛病。"

5. 尝口味

在购买前，最好能品尝一下。虽然有些食品的口味很淡，但对宝宝来说很可口，不能用成人的口味来衡量。而且，经常吃口味重的食物会使宝宝养成不良的饮食习惯，如挑食、偏食的坏习惯，影响健康发育。

总之，无论是市售辅食还是自制辅食，只有营养丰富、容易被吸收的辅食才能更好地促进宝宝的健康成长。

添加辅食时，每个阶段练习的重点

4~6 个月，练习闭嘴吞咽，食物以液体为佳。7~8 个月，练习使用舌头压碎吞咽，食物以细泥为佳。9~11 个月，练习使用牙齿和牙龈轻度咀嚼，食物以粗泥为佳，可以添加软固体食物。1~1.5 岁，练习使用牙齿用力咀嚼，食物从半固体过渡到固体。

食物由稀到稠，有利于宝宝消化吸收

宝宝在开始添加辅食时，大多都还没有长出牙齿，因此爸爸妈妈只能给宝宝喂流质食物，逐渐再添加半流质食品，最后发展到固体食物。如果一开始就添加半固体或固体的食物，宝宝肯定会难以消化，导致腹泻。辅食添加应该根据宝宝消化道的发育情况及牙齿的生长情况逐渐过渡，即从菜汤、果汁、米汤过渡到菜泥、果泥、米糊、肉泥，然后再过渡成软饭、小块的菜、水果及肉。这样，宝宝才能更好地吸收，避免发生消化不良。

从一种辅食加起，7 天后再加另一种

刚开始添加辅食时只能给宝宝吃一种与月龄相宜的食物，尝试 1 周后，如果宝宝的消化情况良好，再尝试另一种。一旦宝宝出现异常反应，应立即停喂辅食，并在 3~7 天后再尝试喂这种食物。如果同样的问题再次出现，就应考虑宝宝是否对此食物不耐受，需停止喂这种食物至少 3 个月。

如果多种新食物同时添加，宝宝出现不适后很难发现原因。所以，辅食要一种一种地慢慢增加。

辅食从细小到粗大，逐步锻炼宝宝吞咽能力

添加辅食时，宝宝的食物要颗粒细小、口感嫩滑，因此菜泥、果泥、蒸蛋羹、鸡肉泥、猪肝泥等泥糊状食品是最合适的。这不仅锻炼了宝宝的吞咽功能，为以后逐步过渡到固体食物打下基础，还让宝宝熟悉了各种食物的天然味道，养成不挑食、不偏食的好习惯。而且，蔬菜、水果、肉泥中含有膳食纤维、木质素、果胶等，能促进肠道蠕动，促进消化。另外，在宝宝快要长牙或正在长牙时，父母可把食物的颗粒逐渐做得粗大，这样有利于促进宝宝牙齿的生长，并锻炼宝宝的咀嚼能力。

从低敏食物到高敏食物，不过敏让宝宝爱上辅食

给宝宝添加食物，由低敏食物至高敏食物依次是米优先，接着为蔬菜、水果、蛋黄，7个月过后可少量尝试豆类、肉类，其中白肉（如鸡肉、鸭肉、鱼肉）先于红肉（如猪肉、牛肉、羊肉）。1岁以后再尝试蛋白、麦类、柑橘类等易致敏食物。

过敏宝宝辅食添加大不同

在遵循食物添加顺序的基础上，制作容易导致过敏的食物时，要保证食材的新鲜，并确保食材做熟透。一旦发现有过敏症状，立刻停止喂这种食物。容易引起过敏的食物有以下几种，妈妈在添加这些食材时，要多观察宝宝的状况。

营养师这么说

"1岁前，辅食中尽量不加盐、糖和调料，以免养成宝宝嗜盐或嗜糖的不良习惯，以及增加宝宝肾脏的负担，损害肾功能。"

蔬菜类：芹菜、芋头、莴笋、平菇、扁豆等。水果类：菠萝、桃、柿子、猕猴桃、芒果等。淀粉类：面粉和种子类食物。蛋白质类：鱼、虾、贝类、鸡、鸭、牛奶、豆制品等。豆类及坚果：腰果、花生、蚕豆等。

宝宝每天、每顿应该吃多少辅食

妈妈总是有这样的问题，宝宝每天能吃多少辅食？每次吃多少最合适？妈妈一边怕宝宝吃多了，一边又怕他吃不饱。

一般来说，在宝宝1岁以前，每天吃2次辅食比较合理。宝宝每次接受辅食的量并不固定，爸爸妈妈在添加辅食时要牢记这一点：吃多了不限制，吃少了不强制。如果宝宝只吃了一点就不肯吃了，就应该停止喂食，以宝宝能接受的量为准。

添加辅食时，宝宝不赏光怎么办

有的宝宝一开始接触辅食，会出于自我保护的本能拒绝进食，例如看到勺子就躲、将嘴巴抿紧或用舌头将吃到嘴里的食物顶出来。这是因为宝宝没有尝过这些食物，不习惯这些食物的味道，所以就会非常警惕，这并不表示宝宝不接受这些食物。

对于这种情况，妈妈不要强迫宝宝进食，否则会引起宝宝的反感，不妨过一两天再尝试。有的宝宝经过多次甚至十几次的尝试，才能逐渐接受新的食物、新的味道，所以妈妈一定要有充分的心理准备和足够的耐心。

加热水果可降低致敏风险

将水果蒸熟可以降低致敏的风险，原来过敏的食物可能因此纳入到可食用菜单中。对于易过敏的宝宝和肠胃敏感的宝宝来说，加热水果是增加食物摄取种类的无奈之举，是过渡阶段的方法。如果自家宝宝的肠胃能够接受常温的水果，可直接喂宝宝现榨的果汁（记得要用水稀释）或果泥。

添加的辅食要新鲜

在给宝宝制作辅食或购买市售辅食时，不要只注重营养，而忽视了口味，这样不仅会影响宝宝的味觉发育，为日后挑食埋下隐患，还可能使宝宝对辅食产生排斥，从而影响营养的摄取。辅食应该以天然清淡为原则，制作的原料一定要新鲜，1 岁前不要添加调料，更不可添加味精和人工色素等，以免增加宝宝肾脏的负担。购买市售米粉，就要购买大品牌、正规厂家生产的米粉，这些产品的营养性、安全性是有保障的，对宝宝也是有利无害的。

油菜、南瓜等蔬菜较不易引起过敏，可在宝宝 6 个月时尝试添加。

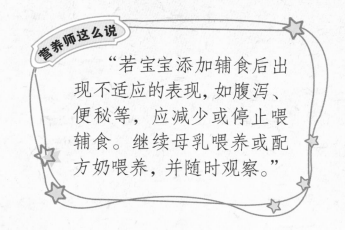

营养师这么说

"若宝宝添加辅食后出现不适应的表现，如腹泻、便秘等，应减少或停止喂辅食。继续母乳喂养或配方奶喂养，并随时观察。"

不宜久吃流质食物

为了有利于宝宝消化吸收，添加辅食时应从流质食物开始添加，然后按照半流质食物、固体食物的顺序添加。但是如果长时间给宝宝吃流质或泥状的食物，会使宝宝错过咀嚼能力发展的关键期。咀嚼敏感期一般在 9 个月左右，从这时起就应提供机会让宝宝学习咀嚼。

辅食不要替代乳类

有的父母为了让宝宝吃上丰富的食物，就在宝宝 6 个月以内便减少母乳或其他乳类的摄入，这种做法很不可取。因为宝宝在这个月龄，主要食物还是应该以母乳或配方奶粉为主，其他食品只能作为一种补充食品。这样，才能够保证宝宝每天摄入充足的营养，也不会给宝宝的消化系统带来负担。

培养良好的饮食习惯，让宝宝爱上吃饭

添加辅食后，宝宝不爱吃饭是多种原因造成的，诸如让宝宝过早地吃盐，饭前吃了太多零食等，妈妈要让宝宝养成良好的饮食习惯，宝宝才能吃饭香。有些家长给宝宝添加辅食的时间太晚，错过了宝宝味觉刺激的敏感期，可能出现喂养困难的问题。

不要盲目添加鸡蛋黄

妈妈们习惯将蛋黄作为宝宝的第一道辅食，其实这并不适合。过早添加蛋黄容易导致宝宝消化不良。

建议在宝宝满 7 个月后开始添加蛋黄，从 1/8 个蛋黄开始添加，然后逐渐过渡到 1/4 个、1/2 个到 1 个。

最好用蛋黄搭配富含碳水化合物的米粉、粥、面条等食物给宝宝食用，这样更有利于蛋白质的吸收。

营养师这么说

"宝宝满 1 岁就可以尝试牛奶和酸奶了，但还是清淡的配方奶更适合宝宝，可以坚持喂配方奶一直到宝宝 3 岁时。"

1岁内的宝宝尽量远离盐、糖、蛋清、蜂蜜

有些妈妈在给宝宝做辅食时，习惯加点盐、糖，以为这样宝宝会更爱吃。还有些妈妈给 1 岁前的宝宝吃全蛋，这些都是不合适的。

1 岁内宝宝的辅食不应主动加盐、糖等调味料，宜进食母乳、配方奶和泥糊状且味道清淡的食物，最好是原汁原味的，否则，易养成宝宝喜咸、喜甜的饮食习惯，导致宝宝偏食、挑食。

蛋清非常容易引起宝宝消化不良、腹泻、过敏，因此宝宝 1 岁前应避免食用蛋清。建议宝宝接近 1 岁时再开始吃全蛋。

蜂蜜在制作过程中容易受到肉毒杆菌的污染，宝宝的抗病能力差，食用蜂蜜有可能引起肉毒杆菌性食物中毒。所以，1 岁内的宝宝最好别碰蜂蜜。

宝宝不爱吃饭就是缺锌吗

宝宝不爱吃饭不一定是缺锌，排除消化不良的情况，可能是由于宝宝吃了过多的零食或喝水少导致的。

有时候宝宝明明已经吃了很多零食，包括奶类、水果等，但家长觉得这些不算"饭"，总认为宝宝"吃饭"少，挑食，胃口不好。对于宝宝吃零食，家长要控制好摄入量，此外还要平衡宝宝的饮食结构，做到全面均衡摄入营养。

宝宝食欲不好，还可能与水有关。当宝宝缺水感觉渴的时候，就不太喜欢吃东西，所以宝宝添加辅食后应该注意及时给他喂水。另外，有些家长喜欢给宝宝喝有味道的水，如加糖的水、鲜榨果汁等。这些水喝得太多也会影响宝宝的食欲，同时还会让宝宝养成嗜甜的饮食习惯，导致偏食。所以在给宝宝补充水分时，最好选择白开水。

良好的饮食习惯让宝宝一生受益

培养宝宝良好的饮食习惯，就要从小抓起。宝宝4~6个月后要及时添加辅食，让他早点品尝到各种味道的食物；6~7个月后，鼓励宝宝用手拿东西吃，甚至自己抱着奶瓶喝奶；从10个月到12个月开始，在玩耍中教给宝宝学会拿小勺；1岁到1.5岁，教给宝宝自己独立吃饭，可以采取游戏的方式引导，比如准备两个碗和一些小纸团，让宝宝把小纸团从一个碗舀到另一个碗里，也可以用小糖块或是小蚕豆训练宝宝舀东西（家长需在一边看护，防止宝宝吃到嘴里，引发危险）。

创造良好的进餐环境，养成良好的进餐习惯。要给宝宝相对固定的餐具和安排固定的位置，让宝宝坐到那里就知道要吃饭了；吃饭时不要让宝宝进行其他的活动，养成专注吃饭的习惯。

宝宝爱上辅食不爱吃奶也不好

添加辅食是指将母乳或配方奶作为主食，在此基础上添加别的食物，而不是断奶、停止母乳或配方奶。世界卫生组织提倡，宝宝4~6个月开始添加辅食后仍要以母乳或配方奶为主食，持续到1.5岁。因为此时，宝宝的肠胃发育还不完全，如果添加辅食后就把母乳断掉，宝宝很难消化吸收辅食中的营养成分，易导致宝宝少食、腹泻。

如果宝宝喜欢上吃辅食，而不爱吃奶，妈妈要稍微调整辅食的量。妈妈也可在宝宝饥饿时先喂奶再喂辅食，这有助于安抚宝宝的情绪，但此时的喝奶量最好不要过多，以不超过50毫升为佳，以免宝宝喝奶后吃不下辅食，其他的奶可以吃完辅食后过会儿再喝。妈妈还可以适当减少辅食的量，让宝宝很好地吃奶。

别给宝宝尝成人食物

宝宝的味蕾比成人敏感很多，即使不添加任何调味料，他们也能细分出各种食物的天然味道。所以，不要给1岁内的宝宝品尝任何成人的食物。

母乳和配方奶的味道比较淡，所以辅食也要清淡，这样宝宝才容易接受辅食。一旦给宝宝尝了成人的食物，会刺激宝宝的味觉。如果他喜欢上成人食物的味道，就会很难再接受辅食的味道，容易出现喂养困难。

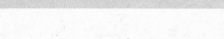

不要随意添加营养品

　　市场上为宝宝提供的各种营养品很多，补锌、补钙、补赖氨酸等，令人眼花缭乱，使许多爸爸妈妈无从选择。究竟要不要给宝宝吃营养品和补剂，要因人而异。

　　如果宝宝身体发育情况正常，就没必要补充。营养品和补剂的营养成分并非对人体的各方面都有效，其中的一些成分在食物里就有，可以通过食物来补充。

　　盲目进食营养品对宝宝的身体是无益的。实际上，获得营养的最佳途径是摄取健康天然的食物。

学会咀嚼更爱吃饭

　　宝宝并不是生下来就会咀嚼，这需要后天的训练。如果宝宝还没有萌出磨牙，那么在宝宝进食泥状食物时，爸爸妈妈可以同时嚼口香糖或其他食物，并进行夸张的咀嚼动作。通过这样的行为诱导，宝宝会逐渐意识到吃食物时应该先咀嚼，并会模仿大人的动作。

　　添加辅食之初，宝宝的辅食是越碎越好、越细越好，但是随着宝宝长大，就要通过咀嚼食物来慢慢锻炼宝宝的咀嚼能力了。宝宝 6 个月后，口腔分泌功能日渐完善，神经系统和肌肉控制能力也逐渐增强，吞咽活动已经很自如了，就可以吃一些带有小颗粒状的食物了。

　　在 10 个月之前，应逐渐让宝宝学会吃固体食物。这不仅是满足宝宝身体对营养的需求，同时也是锻炼口腔运动和促进面部肌肉控制力的需要。在这个过程中，妈妈要耐心，通过改变食物的性状来不断地加强宝宝咀嚼的能力，这样宝宝会更爱吃饭。

辅食由少到多，慢慢适应不易挑食

　　添加辅食还要遵守由少到多的原则。妈妈应从少量开始，待宝宝愿意接受，大便也正常后再增加量。如果宝宝出现大便异常，排便困难或拉肚子的情况，应暂停喂辅食，待大便正常后，再开始少量试喂。

　　帮宝宝顺利过渡到吃辅食的一个好方法是，每次先给他吃一点母乳，然后用小勺子喂他吃一点辅食，半勺半勺地喂，最后再给他吃一些母乳或者配方奶。这样会避免宝宝在非常饿的时候因不习惯辅食而闹脾气，也会让他慢慢地适应用小勺子吃辅食。

先喂辅食后喂奶，一次吃饱

通常家长给宝宝添加辅食往往比较随意，想起来就喂一点，这样会造成宝宝没有"饱"和"饿"的感觉，从而造成宝宝对吃饭兴趣不大。吃辅食应该安排在两次母乳或配方奶之间，先吃辅食，然后再补充奶，让宝宝一次吃饱。这样做能避免因少吃多餐而影响宝宝的进食兴趣。

磨牙没长出前，不能吃小块状的食物

即使宝宝学会了咀嚼动作，在没有长出磨牙之前，也不能给他吃小块状的食物。没有磨牙参与的咀嚼动作，不能使食物达到有效的研磨。一些宝宝可能不接受小块状食物，会吐出来，但也有些宝宝吞咽能力强，会将未充分研磨的食物吞下肚里，这样就会造成食物消化和吸收不完全，既会增加食物残渣量，同时也减少了营养素的吸收，长期下去还可能造成生长缓慢。

合理烹调，留住营养

妈妈不仅能做出色香味俱全的食物，更重要的是能够最大限度地保留食物的营养。那么如何才能做到呢？

米、面中的水溶性维生素和矿物质容易受到损失，所以这类食材以蒸、烙最好。蔬菜用水煮或者油炸会损失营养，为了避免蔬菜中的维生素流失，要先清洗再切，先烫软再切碎。

另外，一些食材蒸食，能更好地吸收利用其营养；用铁锅烹调酸性食物可提高活性铁的吸收率；炖骨汤的时候滴几滴醋，能促使骨头里的钙质溶于汤内。

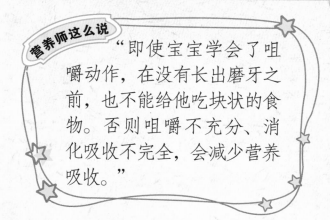

营养师这么说

"即使宝宝学会了咀嚼动作，在没有长出磨牙之前，也不能给他吃块状的食物。否则咀嚼不充分、消化吸收不完全，会减少营养吸收。"

断奶进行中，小方法使宝宝顺利过渡饮食模式

逐渐改变食物性状。有的家长，尤其是爷爷奶奶带孩子，为了省事，把所有的食物全部打碎调成糊状，让宝宝直接喝下去，不用咀嚼。自以为这样既好消化又方便省事。但这种制作方法是不正确的，长期下去会导致宝宝不能进食固体食物，严重影响到宝宝饮食结构的过渡。

因此，在宝宝的饮食结构过渡过程中，食物的性状也需要跟着改变，逐步降低奶量到一定程度，安排好宝宝的三餐，让宝宝吃好三餐。饮食过渡并不是说，宝宝把饭吃好，就不用喝奶了，奶量还是要有保证，才能让宝宝获得丰富的钙、蛋白质等营养素。

让宝宝吃出营养与健康，才能更健康地成长。给宝宝做饭虽说不是一件轻松的事，但却是一件值得你付出的事情。坚持精心为宝宝做可口健康的饭菜，不仅为宝宝今后的健康打下了坚实的基础，更体现了妈妈无私而贴心的爱。

用配方奶冲米粉，吸收不好营养自然不好

添加米粉初期，它是辅食，后期会成为辅食中的主要食物，而且味道也会逐渐接近成人食物。如果用配方奶冲米粉，会导致其味道和成人食物相差较远，不利于宝宝以后接受成人食物。而且配方奶冲调的米粉浓度太高，会增加宝宝肠胃的负担，甚至导致消化不良。因此，用配方奶冲调米粉的营养价值并没有被充分利用。

"缺"和"补"，中国妈妈最关心的事儿

"缺"和"补"是萦绕在中国家长心头的一件大事。总有父母看到宝宝的异常就怀疑是否缺钙、缺锌，是不是要补什么微量元素啊。其实宝宝的生长发育主要依赖于蛋白质、脂肪、碳水化合物这类宏量元素，生长发育有异常也不是因为缺乏微量元素。微量元素只有在宏量元素充足的基础上才会发挥作用。所以，与其关注"缺"和"补"，不如关注宝宝的饮食营养是否均衡。营养均衡比微量元素重要得多。只要保持饮食营养均衡，是不需要刻意补充微量元素的。

怎么让宝宝习惯吃勺子里的食物

先要准备一把适合宝宝的勺子，例如宝宝专用的硅胶软头勺，这种小勺跟奶嘴的质地相似，更容易被宝宝接受。

其次，就是通过反复多次地喂食物，让宝宝对勺子逐渐熟悉起来。如果宝宝不愿意接受勺子中的辅食，爸爸妈妈可以用小勺子盛上一些乳汁喂给宝宝，让宝宝慢慢习惯用勺子喝奶、喝水。这时候爸爸妈妈再用勺子给宝宝喂辅食，就比较容易了。

用温水冲调出来的米粉更适合喂宝宝吃。

给宝宝准备专属的餐具

宝宝的餐具最好是单独的，避免交叉感染。同时，为了让宝宝对吃饭感兴趣，可以让宝宝参与选择合适的餐具。宝宝大一些了，妈妈可以带着他一起选购餐具，让他置身于五彩斑斓的小碗、小勺的世界，让宝宝熟悉他的新朋友。对于自己精挑细选的餐具，宝宝肯定会爱不释手，进而可以增加宝宝吃饭的兴趣。

挑选宝宝餐具时要注意以下 4 点：

颜色：以纯色为主。

无毒：选择无毒材质的餐具，购买前仔细查看商品的材质标志。

耐热：餐具一定要耐热，妈妈挑选时应看清包装上注明的耐受温度。

尺寸：不要太大，要适合宝宝的小嘴、小手。

给宝宝喂食时不要用语言引导

很多家长在给宝宝喂食时都喜欢用语言鼓励宝宝进食。其实这种做法并不能起到激励作用，反而会让宝宝分心。特别是一边吃饭一边用玩具哄时，更容易让宝宝形成"吃＋玩＋说话＝吃饭"的概念。如果在喂饭的时候，家长能一起咀嚼食物，这样会引起宝宝进食的兴趣，使他能够安静地专心进食。

保持愉快的进食氛围

选在宝宝心情愉快和清醒的时候喂辅食，当宝宝表示不愿吃时，不可采取强迫手段。给宝宝添加辅食不仅仅为了补充营养，同时也是培养宝宝健康的进食习惯和礼仪，促进宝宝正常的味觉发育，如果宝宝在接受辅食时心理受挫，会给他带来很多负面影响。

在宝宝情绪好时喂辅食，更容易被接受。

宝宝贪食、挑食、偏食有妙招

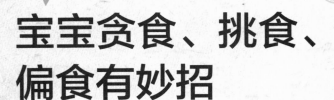

随着宝宝的逐渐长大，在进食方式上也开始有明显的偏食、挑食、贪食、常吃零食的毛病，这对宝宝的身体发育不利，妈妈爸爸应该积极帮助宝宝纠正这些毛病，做到全面科学进食，才能有利于宝宝的健康成长。

宝宝贪吃应尽早干预

宝宝贪吃危害多，不仅会造成身材肥胖，而且还会造成宝宝营养不均衡，抵抗力下降，易生病，且影响宝宝的正常生长发育。研究表明，贪吃的宝宝一般都偏食，宝宝摄入营养失衡，不能很好的从食物中获取营养来增强抵抗力，更易生病。

营养师这么说

"如果宝宝贪吃的情况非常严重，爸爸妈妈无法纠正，就要及早带宝宝去看医生，排除疾病隐患。"

宝宝贪吃通常是父母造成的。一方面是父母过分溺爱，总是想给宝宝添加更多、更营养的食物，而宝宝在被动地吃的过程中，获得被疼爱的心理满足，从而产生了对食物的更大需求。如果家长常用食物作为奖品，时间一长，宝宝也会贪食。另一方面，宝宝的情感需求得不到满足，往往也会用别的方式来填补这种空缺，贪吃是最常见的方式之一，这是典型的情感代偿。

一般来说，父母可以从以下几方面入手预防宝宝贪吃：

1. 宝宝多食行为的真实情况

如果在某一段时间内，妈妈发现宝宝饭量突然增大或零食需求增加时，就应了解宝宝是否遇到挫折、被爸爸妈妈冷落等，并针对宝宝的真实意图加以开导。

2. 定餐定量表

想要宝宝不贪嘴，首先，妈妈应当为他制定一个明确的定时定餐定量表，并认真执行，尤其要严格控制零食量。同时，妈妈也要经常带宝宝做做游戏，帮助宝宝消化和吸收。

3. 满足宝宝情感的需求

要让宝宝感受到家庭的温暖，爸爸妈妈应创造条件，让他生活在一个安全、舒适的环境中。在平常生活里，多陪宝宝聊聊天，带他出去玩一玩，这是很好的早教，也可以避免宝宝产生用食物来代替其他需求的心理。

4. 不要强迫宝宝多吃

父母对食物的作用要有正确的认识，并不是吃得越多越好，疼爱宝宝不一定非要通过给予食物来体现，多陪宝宝玩一会也许会更有意义。

营养师这么说

"给宝宝尝试新食物时，如果宝宝不肯吃，不要强迫他，不然宝宝会更加抵触，可以过些天再尝试。接受食物是个缓慢的过程，不能操之过急。"

偏食、挑食宝宝，妈妈要多费心

宝宝偏食、挑食，就是喜欢什么吃什么，喜欢的东西就多吃、常吃，不喜欢吃的就不沾口，久而久之，就会出现某些营养素过剩，而某些营养素则缺乏。过剩的营养素贮存在体内，就会发胖；不喜欢的就少吃会导致营养缺乏而患病，易造成身体畸形，或成小胖墩，或成"豆芽菜"，发生这些情况都是不健康的。

宝宝不爱吃蛋黄

有的宝宝吃辅食有一段时间了，喂给他蛋黄泥，他就皱着眉头，不肯张嘴。好不容易喂进去一点，又吐出来了。这是为什么？怎么喂，他才肯吃？

其实，宝宝很可能还没习惯蛋黄的味道。宝宝在辅食添加初期，已经习惯了菜泥、果泥的味道，并有自己喜欢的食物了。妈妈可以试着加些果泥、菜泥，调和一下蛋黄泥的味道。这样，宝宝对蛋黄泥就不会那么抵触了。

宝宝发育正常不用强迫吃饭

有些妈妈看到自己的宝宝比同龄宝宝吃得少，就担心宝宝会发育不良。其实只要宝宝的精神状态很好，睡眠、大小便都很正常，就不会影响到生长发育。

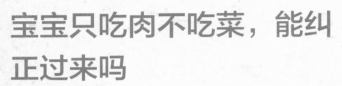

宝宝只吃肉不吃菜，能纠正过来吗

在宝宝米粉中加入蔬菜泥，有助于纠正宝宝不吃菜的偏食习惯。

　　太偏好肉类而不爱吃水果、蔬菜等其他食物，容易使宝宝营养失衡。为了宝宝的健康，必须纠正宝宝只爱吃肉不爱吃蔬菜的习惯。

　　宝宝不接受某种蔬菜，有时候是由于缺少一个榜样。爸爸妈妈要以自己良好的饮食习惯和行为影响宝宝，做出榜样。如果爸爸妈妈不爱吃某种蔬菜，却强迫宝宝吃，宝宝会很抗拒。相反，如果爸爸妈妈在吃饭的时候表现出很美味、很享受的样子，宝宝就会很好奇，想要尝一尝，慢慢地宝宝就能接受了。

　　如果宝宝周围的小朋友很喜欢吃蔬菜，那么就可以把他当成一个好榜样。儿童心理学研究认为：从众心理在儿童之中广泛存在。如果有机会让一个爱吃蔬菜的小朋友和你的宝宝一起进餐，就能在一定程度上纠正你的宝宝偏食的坏习惯。

　　专家建议，餐桌上的蔬菜不能全部是宝宝陌生的，或者都是他不喜欢吃的，因为这样的话，他很可能什么都不愿意吃，你的一番心血也就白费了。一顿饭，最好只加一种宝宝可能会排斥的蔬菜，其他的菜最好都不要让宝宝有抗拒心理，至少要保留一种他喜欢吃的。

　　此外，妈妈要经常变换蔬菜的种类或者烹调方法，不同的口感和花样容易激发宝宝的食欲。比如，把肉切碎和蔬菜混合，或把肉和蔬菜放在一起制作，使蔬菜混合肉的香气，提高宝宝对蔬菜的接受度。也可将切碎的蔬菜和肉泥或是婴儿米粉混合在一起做成羹、泥类食物，再喂给宝宝，宝宝更容易接受。

营养师这么说

　　"宝宝喜欢拥有属于自己独有的东西，妈妈给宝宝买一些图案可爱的餐具，鲜艳的颜色可提高宝宝的吃饭欲望。"

宝宝吃零食要讲方法

宝宝可以吃零食，但是要选择对宝宝成长有益的零食，如水果、奶制品、小糕点等，而且要根据月龄适当添加。还要控制宝宝吃零食的时间，可在每天午饭、晚饭之间给宝宝一些水果或糕点，量不要过多。餐前1小时内不宜让宝宝吃零食，每天的零食安排以一两次为宜，每次不能吃得过多，以免影响正常饮食。

便秘也会让宝宝没食欲

如果宝宝出现便秘的现象，小肚子鼓鼓的，食欲肯定也会下降。宝宝每天排大便一两次是比较正常的。如果宝宝3天或3天以上排便一次，大便干结，排便过程较长，并且哭闹不止，说明宝宝已经便秘了。

宝宝在添加辅食后，引起便秘的主要原因是膳食纤维摄入不足。宝宝辅食加工过细、过精，虽然有利于营养的吸收，但去除了大量的膳食纤维，易导致宝宝膳食纤维摄入不足，从而引起便秘。当然，不能说辅食加工越粗糙越好，因为这样容易导致宝宝消化不良，引起腹泻。

除了辅食加工过细、过精以外，宝宝在服用钙剂后也很容易出现便秘，这是由宝宝对钙质吸收不良而引起的。宝宝体内的钙质过多，无法完全吸收，会和肠道中没有被吸收的脂肪形成钙皂。因此，给宝宝补充钙剂不要过量。

一些配方奶中含有的脂肪酸直接来自于牛奶，易与钙结合形成钙皂，造成脂肪和钙质不能被宝宝消化吸收，反而堵塞肠道，影响正常排便。

总的来说，宝宝的饮食一定要均衡，不能偏食，五谷杂粮以及各种水果蔬菜都应均衡摄入。比如可以

苹果薯团
苹果泥和红薯泥搅拌均匀，做成苹果薯团给宝宝吃，丰富的膳食纤维可以减轻宝宝的便秘症状，还能补充所需维生素。

给宝宝吃一些苹果泥、香蕉泥、红薯泥、菜粥等，摄入适量的膳食纤维，可促进胃肠蠕动，使排便变得通畅。在宝宝还不能自己爬、走路前，爸爸妈妈要多抱抱宝宝，适当揉揉宝宝的小肚子。等宝宝能自己爬、走路的时候，要鼓励宝宝多运动，带宝宝玩一会儿，保证一定的运动量，以促进肠道蠕动，缓解便秘。

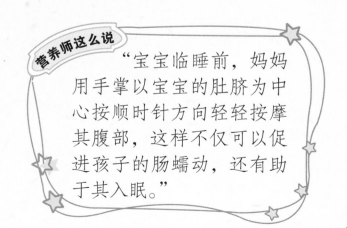

营养师这么说

"宝宝临睡前，妈妈用手掌以宝宝的肚脐为中心按顺时针方向轻轻按摩其腹部，这样不仅可以促进孩子的肠蠕动，还有助于其入眠。"

宝宝挑食，要保持平常心

对于宝宝饮食的偏好，是最让家长头痛的问题，妈妈们之间会互相沟通，但请妈妈们一定要注意，在宝宝挑食时，请保持平常心。

在宝宝 6 个月以上时，便有了自己的偏好，很多时候宝宝会认为能够自主选择吃什么，吃多少便意味着自己是独立的个体，所以他们甚至会通过"挑食"来向大人证明自己的独立性。

请允许宝宝对食物有一定的偏好，并尊重他自主选择的权利。如果宝宝仅仅只是不喜欢少数几种食物，如不喜欢芹菜、黄瓜，但能接受西红柿、白菜和南瓜，这也算正常，不会造成营养不良。宝宝挑食并不是个例，许多宝宝都会挑食，关键看怎么个挑法。

营养师这么说

"从开始添加辅食起，家人就应该有意识地安排宝宝坐餐椅吃饭，不过分劝说，更不要每人都喂，餐桌上各种的劝解不利于宝宝愉快地吃饭。"

多给宝宝动手的机会

宝宝多大才能自己吃饭很大程度上取决于父母什么时候给宝宝学习吃饭的机会。多数宝宝在 9~12 个月的时候就会表现出自己动手吃饭的愿望，比如喂食时会从父母手里抢勺子、抢夺碗等。这时宝宝双手活动协调能力有限，即使他很努力，仍旧会把食物撒得到处都是。不过不要紧，经过半年至 1 年的锻炼，宝宝就可以吃得很好了。请放手给宝宝自己动手吃饭的机会吧。

父母不要因为难以容忍饭菜撒出来就给宝宝喂饭，剥夺宝宝锻炼学习的机会。可给宝宝准备不易摔破、易拿、不会刺伤宝宝的碗、勺，并做好充分的准备，比如在宝宝的餐椅下面铺上一张大报纸，给宝宝穿戴围嘴等，这样收拾餐桌就会相对容易很多。

改善挑食有绝招

宝宝挑食、偏食、不爱吃饭等问题让不少父母很头疼。其实，宝宝的这些问题大多是父母导致的。在一岁半之前，父母就应当注意避免宝宝偏食。

在孩子"学吃"方面，宝宝对味道的选择，早在妈妈孕期就开始有所倾向了，因为妈妈进食和吸收的许多味道会被输送到羊水中。宝宝出生以后的纯母乳喂养期间，也是影响宝宝未来对食物选择的一个阶段。妈妈饮食的种类会影响到母乳的味道，这也是宝宝今后能顺利接受自己家庭食物味道的基础。饮食要尽量丰富多样。母亲在怀孕与哺乳期喜欢吃的食物会成为宝宝最早接触的食物。

在度过最初的适应期后，就应该让宝宝接触各种味道。婴儿期，宝宝可以区分不同种类的水果和蔬菜的味道，品尝食物能增强他进食各种各样食物的意愿。辅食要在6个月以后添加。在两餐之间，妈妈可以让宝宝吃多种营养丰富的水果和蔬菜，并把握时机在熟悉的食物中添加新口味，帮助宝宝适应新食物，这样做不仅能促进味觉发育，还有助于今后的进食。

食物的营养素含量相差较大，妈妈要把握好添加新食物种类的度，应该关注宝宝所处的阶段。1岁内宝宝进食要以原味食物为主，1岁后，就可以逐渐添加含盐食物了。不要让宝宝过早尝试添加了调味料的食物，接触味道较重的食物，这样容易导致宝宝讨厌吃原味食物。

多次尝试，总会成功

现在人们工作压力大，生活节奏快，有一部分妈妈表现得很急躁。

在宝宝拒绝西红柿1次、2次后便武断地下结论——宝宝不吃西红柿。这样轻易地下结论是不可取的。哪怕宝宝已经第10次拒绝吃西红柿了，也请父母不要急躁，因为很多宝宝可能在父母提供第11次甚至第21次时才愿意去尝试一种新食物。

当添加一种宝宝之前不愿意尝试的食物时，请记住，只需要为宝宝准备几小块就够了，同时别忘了还要一同提供宝宝爱吃的其他食物。吃饭时，不要对宝宝挑剔的行为小题大做，更不要动辄就谈论它、强化它，越是企图纠正它，宝宝反而越有可能继续做下去，甚至坚决不碰这类食物。家人只需适当引导，不要强迫宝宝接受新食物。家长可以在宝宝面前多吃这种食物，宝宝会更想尝试。

营养师这么说

"父母应科学安排饮食，使饭菜美味、可口，色泽、味道能激起宝宝的食欲，品种丰富又富于营养，要保证营养均衡全面，花样繁多。"

Part 2

百变辅食，宝宝从此爱上吃饭

　　开始给宝宝添加辅食了！妈妈要按照宝宝发育的不同月份和宝宝的成长需要，依次给宝宝添加辅食。在制作辅食时，妈妈要多下功夫。食材多样，做法百变，这样能促进宝宝的进食欲望，让宝宝爱上吃饭。

蔬菜 & 水果：谁说宝宝不爱

常常会听到一些妈妈抱怨宝宝不爱吃蔬菜或者水果，这可愁坏了妈妈。宝宝不爱吃蔬菜、水果容易造成维生素 C、钙、钾、镁、膳食纤维等摄入不足，也不能获得充足的具有抗氧化作用的植物化学物如类胡萝卜素、番茄红素、原花青素等。因此，要在最初就让宝宝爱上蔬菜、水果，下面就来看看有哪些窍门吧。

此时，多给宝宝尝试一些蔬菜水果，长大后不容易挑食、偏食。

宝宝不爱吃蔬菜、水果的原因

错失尝试各种味道的敏感期

6~12 个月是宝宝味蕾敏感期，如果在这个敏感期内及时给宝宝添加辅食，他就比较容易接受各种食物的味道，将来挑食的可能性就会小一些。如果宝宝在味蕾敏感期尝试的味道比较单一，他就会因为没有机会及时尝试各种味道，而对其他味道失去兴趣，将来就可能变得比较挑食、偏食。

不喜欢某些蔬菜或水果的味道

宝宝味蕾密度高，对味觉的敏感度也高，所以一些有特殊气味的蔬菜或水果，如韭菜、大蒜、葱、姜、芹菜、茴香、辣椒、胡萝卜、橘子、芒果等，宝宝都难以接受。还有一些没有习惯的味道，宝宝也会毫无理由地加以拒绝，甚至连尝都不肯尝一下，所以需要时间让他慢慢地适应。

饮食氛围对宝宝产生不良影响

父母对食物的态度会潜移默化地影响宝宝，如果父母不爱吃某种蔬菜或水果，或者父母对某种蔬菜或水果有不太好的评价，比如说这个菜或水果味道不好，营养价值不高，或者当着宝宝的面发表"这个太难吃了""我不喜欢吃这个"之类的看法，那么宝宝也很容易对这种蔬菜或水果"抱有成见"。

烹调的食物不合宝宝口味

很多家庭容易按照自己平时的习惯烹调食物，这种烹调方式可能不适合宝宝娇弱的胃口，宝宝或者接受不了食物的味道，或者接受不了食物的色彩，或者接受不了食物的软硬度，总有难以如意的地方，对蔬菜的喜爱程度自然也因此降低。

正确对待蔬菜和水果，两者不能互相替代

水果和蔬菜有许多相似的地方。比如它们所含的维生素都较丰富，都含有矿物质和大量水分。但是，水果和蔬菜毕竟有差别，不能相互替代。

水果和蔬菜虽然都含有维生素C和矿物质，但含量是有差别的。除去含维生素C较多的鲜枣、山楂、柑橘等，一般水果像苹果、梨、香蕉等所含的维生素C比不上绿叶菜。因此，要想获得足够的维生素，还是应当多吃蔬菜。

当然，水果也有水果的作用。比如，多数水果都含有较多的有机酸、柠檬酸等，它们能刺激消化液的分泌，这些又是一般蔬菜所没有的。因此，水果和蔬菜各有特点和作用，谁也不能替代谁。

关于蔬菜，要坚持"一次一种"的原则

餐桌上的蔬菜最好不要都是让宝宝感到陌生的，或者都是他不喜欢吃的，因为这样的话，这顿饭他很可能什么都不愿意吃，你的一番心血也就白费了。一顿饭，尽量只加一种宝宝可能会排斥的蔬菜，选择其他的蔬菜都不要是宝宝抗拒的，并且至少要保留一种是他喜欢吃的。比如宝宝不喜欢吃芹菜，可以每次在他喜欢吃的菜里面加入一点点芹菜，因为量比较少，所以芹菜的味道就不那么浓，等宝宝能接受了再一点点增加芹菜的量，直到宝宝能彻底接受芹菜的味道。这个过程不要急，慢慢来就好了。

不要用果汁替代水果

有些妈妈可能觉得相比固体水果，液体的果汁更加方便，认为鲜榨果汁就等同于水果，而且喝果汁比吃水果更安全，不用怕宝宝被噎到，所以妈妈们干脆就用果汁代替水果了，其实，这样做是不正确的。

大部分的膳食纤维和部分钙、镁等矿物质仍然保留在果渣中，不能被宝宝喝掉，而且经常喝果汁却不吃水果，不利于宝宝锻炼咀嚼能力。单纯地就果汁来讲，果汁升糖快、含糖量高，不利于宝宝的身体健康。所以，即使是现榨果汁也不能完全替代水果。

蔬菜、水果都要吃，营养均衡，宝宝才健康。

让宝宝爱上蔬菜和水果的小窍门

💜 家中常备水果，带宝宝外出时也可准备一些蔬菜或水果作为零食。

💜 每餐都要有蔬菜和水果。比如早餐时可以在米糊中加入水果泥；午餐时增加一份水果或蔬菜沙拉；下午用水果或蔬菜当加餐；晚餐适当增加一两份蔬菜。

💜 给家庭成员制定每天摄入蔬菜和水果的目标，达到目标给予表扬，这样可增加宝宝吃蔬菜和水果的积极性。

💜 蔬菜、水果的种类应多样化，防止宝宝因吃腻某一种菜或水果而开始反感吃蔬菜和水果。

💜 让宝宝自己选择蔬菜和水果，这样有利于建立宝宝自己喜爱的食物名单。

💜 增加食物的趣味性，比如在三明治上用草莓泥画一个笑脸；用蔬菜和水果摆出可爱的造型等。

用蔬菜水果摆成可爱的造型，宝宝更有食欲。

💜 少给宝宝喝成品果汁，最好不给宝宝喝饮料，如果一定要喝也要确保是 100% 纯果汁，而不是果汁饮料，而且不仅需要限量，还要加水稀释果汁浓度。

💜 对于不爱吃蔬菜水果的宝宝，可以通过做游戏让宝宝选择蔬菜水果。例如，把各种蔬果水果名称标记在纸条上，再将纸条折好放进一个小罐里，通过抓阄的方式让宝宝来选择，增加宝宝的兴趣。

💜 变着花样让宝宝吃。宝宝不爱吃蔬菜、水果，一放嘴里就吐出来。可以把蔬菜剁碎了，给他包饺子、包子，或者打成菜汁和面，给他做面条、摊小薄饼等。也可以将水果切好后摆出各种造型，让宝宝感兴趣，慢慢爱上吃蔬菜和水果。

明星食材推荐

　　蔬菜和水果中富含膳食纤维、矿物质和多种维生素，足量摄取，可保证宝宝健康发育。那么，家长知道吃什么蔬果会让宝宝眼睛更亮，什么蔬果能让宝宝更强壮、不生病吗？一起来看看吧。

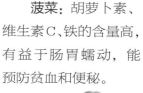

菠菜：胡萝卜素、维生素C、铁的含量高，有益于肠胃蠕动，能预防贫血和便秘。

苹果：有丰富的果胶，可以促进肠胃蠕动和便便的排出，有健脾益胃的功效。

土豆：蒸熟后压成泥，可以补充 B 族维生素和矿物质。

油菜：钙、铁等矿物质含量丰富，可以预防感冒，增强宝宝抵抗力。

红薯：通便、促进消化，还含有多种宝宝生长发育所需的营养素。

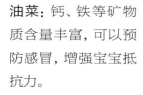

西蓝花：常吃西蓝花可促进宝宝生长，维持牙齿和骨骼的正常发育，保护视力。

香蕉：富含钾和膳食纤维，能清肠热，可以润肠通便，预防便秘，还能抑菌。

6~8个月：宝宝爱吃的营养餐

3. 胡萝卜苹果汁

原料：胡萝卜 1/2 根，苹果 1/2 个。

做法：①苹果去皮，洗净，去核，切丁；胡萝卜洗净，切丁。②将苹果丁和胡萝卜丁放入锅内，加适量水煮 10 分钟，至胡萝卜丁、苹果丁均软烂，滤取汁液即可。

功效：让宝宝眼睛更明亮。

2. 西蓝花汁

原料：西蓝花 100 克。

做法：①西蓝花放入淡盐水中浸泡 20 分钟洗净，掰小朵。②锅中加适量水煮沸，放西蓝花煮熟。③将熟西蓝花放榨汁机中，加适量温开水榨汁，过滤汁液即可。

功效：促进肝脏功能发育。

妈妈锦囊

西红柿用热水烫一下更易去皮。

1. 西红柿汁

原料：西红柿 1 个。

做法：①西红柿洗净去皮。②用汤匙捣烂，再用消过毒的洁净纱布包好，挤出汁倒入杯中，加适量温开水调匀即可。

功效：调理肠胃。

妈妈锦囊

黄瓜去皮后榨汁，口感更好。

4. 黄瓜汁

原料：黄瓜 1/2 根。

做法：①黄瓜去皮，切小块。②将黄瓜块放入榨汁机中，加适量温开水榨汁即可。

功效：维持头发及皮肤的发育。

5

6

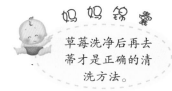

7

8

9

5. 西红柿苹果汁

原料： 西红柿 1 个，苹果 1/2 个。

做法： ①将西红柿洗净，用开水烫一下去皮，切小块，用纱布把汁挤出。②苹果去皮、核，切块，用榨汁机榨汁。③取苹果汁放入西红柿汁中搅拌，以 1:2 的比例加温开水即可。

功效： 增强体质，预防贫血。

6. 西瓜桃子汁

原料： 西瓜瓤 100 克，桃子 1 个。

做法： ①桃子洗净，去皮去核，切块；西瓜瓤切块，去西瓜子。②将桃子块和西瓜块放入榨汁机中，加入适量温开水榨汁即可。

功效： 防暑，促进消化吸收。

7. 草莓汁

原料： 草莓 3 个。

做法： ①草莓放入淡盐水中，浸泡 10 分钟，用清水洗净，去蒂。②将草莓倒入榨汁机中榨汁，加适量温开水调匀即可。

功效： 明目养肝。

妈妈锦囊

草莓洗净后再去蒂才是正确的清洗方法。

8. 香蕉汁

原料： 香蕉 1 根。

做法： ①香蕉去皮后，掰成段，放入榨汁机中。②加适量温开水榨成汁，调匀即可。

功效： 润肠通便。

9. 葡萄汁

原料： 葡萄 100 克。

做法： ①葡萄洗净，去皮、去子。②将葡萄放入榨汁机中榨汁，过滤粗渣，倒入杯中，加适量温开水调匀即可。

功效： 健胃消食。

妈妈锦囊

应在 6 个月后再给宝宝吃葡萄。

10. 樱桃汁

铁
胡萝卜素

功效：樱桃含铁量居水果首位，胡萝卜素含量比葡萄、苹果、橘子多四五倍。宝宝经常食用樱桃，可以满足体内对铁元素的需求。

原料：樱桃 100 克。

百变花样，宝宝更爱吃

💕 樱桃与桃子一起榨汁
口感更美味，营养也更丰富。

💕 宝宝还不能吃整个樱桃
因为宝宝还不会吐核，
会不小心整个吞下去，
这样很危险。

💕 樱桃不光可以榨汁给宝宝喝，
还可以做成樱桃泥
用勺子将樱桃碾成泥状，
可以省掉妈妈洗榨汁机的麻烦哦！

☆ Tips:
清洗樱桃时，可先带梗放在淡盐水中浸泡一会儿，然后清洗。

做法：

1 樱桃洗净后去梗。

2 用一根筷子的头从樱桃底部正中央戳去，就可以很方便地去核了。

3 将去核的樱桃放入榨汁机中，榨出汁液，加温开水稀释即可。

酸甜可口的樱桃汁，
让宝宝更有胃口。

☆**营养师有话说**
樱桃外皮呈暗红色的最
甜，鲜红色的略微发酸；
果梗颜色是绿色的比较
新鲜，如果呈黑色就不
要购买了。放置太久的
樱桃不要给宝宝吃，以
免引起腹泻。

11. 青菜泥

功效：青菜泥可补充 B 族维生素、维生素 C、钙、磷、铁等物质。青菜中还含有大量的膳食纤维，有助于宝宝排便，并保护胃黏膜。

原料：青菜 100 克。

**百变花样，
宝宝更爱吃**

❤**青菜泥玉米糊**

玉米面调成糊状，煮熟，
和青菜泥调匀，就变成美
味的青菜泥玉米糊了！
这道美味的辅食，
有预防便秘的作用。

❤**和米粉一起吃**

米粉的味道宝宝很容易接受，
如果宝宝对青菜不感兴趣，
可加入到米粉中一起吃，
这样更容易被宝宝接受哦。

做法：

1 将青菜择洗干净。

2 锅内加入适量水，待水沸后放入煮 15 分钟后捞出，晾凉并切碎。

3 青菜碎放入碗内，用汤勺将青菜碎捣成泥即可。

☆ **Tips：**

煮过的青菜水分很多，妈妈可以在
烫熟后把蔬菜的水分挤掉。

12. 胡萝卜泥

胡萝卜素
维生素

功效: 胡萝卜泥含有丰富的胡萝卜素及其他多种维生素,不仅能为宝宝提供营养,且鲜艳的颜色和香甜的味道都有助于提高宝宝的食欲。

原料: 胡萝卜100克。

将胡萝卜洗净,不用去皮,切成小块。

2 油锅烧热,将胡萝卜块下锅翻炒3分钟。

将胡萝卜块放在蒸屉上,大火蒸熟,用汤勺将胡萝卜块碾成泥糊状,盛入碗中即可。

百变花样,宝宝更爱吃

💗 胡萝卜与大米搭配
胡萝卜切碎和大米同煮成粥,
为宝宝补充碳水化合物的同时,
还能让宝宝的脸色红润,
眼睛更明亮!

💗 可爱的胡萝卜丸子
胡萝卜泥与面粉和在一起,
团成小圆球,蒸熟了,
用勺子压碎了给宝宝吃。

☆ Tips:
胡萝卜中间的芯比较硬,在刚添加辅食时,妈妈可去掉硬芯。

9~10 个月：宝宝爱吃的营养餐

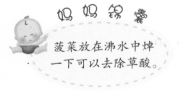

妈妈锦囊

菠菜放在沸水中焯一下可以去除草酸。

1. 菠菜粥

原料：大米 50 克，菠菜 30 克。

做法：①菠菜择洗干净，放入沸水中焯一下，沥水后切碎。②大米洗净，加水放入锅中，熬成粥。③出锅前，将切好的菠菜放入，搅拌均匀，再小火煮 3 分钟即可。

功效：调理肠胃功能。

2. 胡萝卜米汤

原料：大米 30 克，胡萝卜半根。

做法：①将胡萝卜洗净去皮，切成小丁；大米洗净。②将胡萝卜丁和大米一同放入锅内，加适量水煮成粥，胡萝卜要煮到绵软。③待粥晾温后取上层的汤即可。

功效：保护视力。

妈妈锦囊

胡萝卜一定要煮到绵软，宝宝才好吸收。

3. 苹果米汤

原料：大米 30 克，苹果半个。

做法：①将大米淘洗干净；苹果洗净，削皮，去核，切成小块。②将大米和苹果块一同放入锅中，加适量水煮成粥。③待粥晾温后取上层的汤即可。

功效：促进智力发育。

4. 苹果泥

原料：苹果 1 个。

做法：①将苹果洗净，对半切开，去核，去皮。②用勺子把苹果慢慢刮成泥状即可。

功效：健脑益智。

5. 南瓜羹

原料：南瓜 50 克。

做法：①南瓜去皮、去子，洗净，切成小块。②将南瓜放入锅中，倒入适量水，边煮边将南瓜块捣碎，煮至稀软即可。

功效：增强宝宝机体免疫力。

6. 土豆泥

原料：土豆 30 克。

做法：①土豆洗净去皮，切成小块，放入碗内，上锅蒸熟，压成泥。②加入适量温开水拌匀，再上锅蒸 10 分钟，晾温后喂宝宝即可。

功效：补铁，改善缺铁性贫血。

妈妈锦囊

经常给人工喂养的宝宝吃点油菜泥，可以预防便秘。

7. 油菜泥

原料：油菜 50 克。

做法：①油菜择洗干净，沥水。②锅内加入适量水，待水沸后放入油菜，煮 5 分钟后捞出，晾凉并切碎。③油菜碎放入碗内，用汤勺将油菜碎捣成泥即可。

功效：保护皮肤黏膜。

8. 红薯泥

原料：红薯 20 克。

做法：①红薯洗净，去皮，切成小块。②放入碗内，加水，上笼屉蒸熟，将红薯块捣烂即可。

功效：预防便秘。

9. 冬瓜粥

原料：大米 50 克，冬瓜 20 克。

做法：①大米淘洗干净；冬瓜洗净，去皮，切成小丁。②将冬瓜丁和大米一起熬煮成粥，盛入碗中，晾温后喂宝宝即可。

功效：清热解毒、利尿去火。

妈妈锦囊

夏天热的时候给宝宝吃点冬瓜，可以解暑。

10. 油菜玉米糊

蛋白质
维生素 B$_6$

功效： 玉米营养丰富，含有蛋白质、多种维生素及微量元素。油菜中的维生素 B$_6$、烟酸等成分，具有刺激胃肠蠕动、加速排便的作用。

原料： 油菜 50 克，玉米面 30 克。

做法：

1 油菜择洗干净，放入锅中焯熟，捞出晾凉后切碎并捣成泥。

2 玉米面用晾凉的开水稀释，一边加边搅拌，调成糊状。

百变花样，
宝宝更爱吃

♥ **猪肉油菜粥**

猪肉含有丰富的蛋白质，
与油菜一起荤素搭配，
营养加倍，美味加倍，
宝宝身体更棒！

♥ **油菜和南瓜一起煮粥**

油菜的清香和南瓜的香甜，
都融化在大米里，
是很适合宝宝的养胃早餐，
给宝宝带来一天的好心情。

3 锅内加水烧开，边搅边倒入玉米糊，防止煳锅底；水开后，改为小火熬煮，玉米面煮好后放入油菜泥调匀，盛出，晾温后喂宝宝即可。

☆ **Tips：**

玉米面有粗细之分，妈妈一开始给宝宝用细的玉米面，宝宝更容易接受。

☆**营养师有话说**

油菜玉米糊对宝宝的肠胃有调理作用，可防治宝宝便秘、肠炎等不适症状。宝宝现在的肠胃还比较弱，妈妈可以经常做给宝宝吃。

等宝宝 1 岁后，可以将油菜泥换成油菜碎。

11. 紫菜芋头粥

铁 蛋白质 维生素

功效：紫菜芋头粥含有丰富的铁、蛋白质、维生素、膳食纤维、钙、磷、烟酸等，具有生津开胃、营养滋补的功效。

原料：紫菜 3 克，大米 30 克，芋头 2 个。

百变花样，宝宝更爱吃

💗 **芋头和玉米搭配营养更丰富**

芋头泥与玉米面搅拌均匀，
就成了芋头玉米泥啦，
甜甜香香的，宝宝吃饭香香！

💗 **圆滚滚的煮芋头**

芋头煮熟后，妈妈剥去皮，
让宝宝拿在手上慢慢吃吧。
宝宝双手捧着小芋头啃呀啃，
虽然半天都吃不了一点点，
但手和口的配合能力提升了，
是不是很有意思呢？

☆ **Tips：**

给宝宝吃芋头时最好用水煮的烹调方式，因为煮熟的芋头中含有较丰富的水分，吃起来不会太干。

做法：

1 紫菜用水泡发后，切碎。

2 芋头煮熟去皮，放入碗中，压成芋头泥

3 将大米淘洗干净后，放入锅中加水，煮至黏稠，出锅前加入紫菜碎、芋头泥，稍煮至熟，盛入碗中，晾温后喂宝宝即可。

12. 鸡汤南瓜泥

胡萝卜素
氨基酸

功效：南瓜富含胡萝卜素、氨基酸、锌等营养成分，可增强宝宝抵抗力，促进宝宝的生长发育。常吃南瓜，可使大便通畅，肌肤光滑。

原料：南瓜 100 克，鸡汤适量。

法:

1 南瓜去皮，洗净后切成丁。

2 将南瓜丁装盘，放入锅中，加盖隔水蒸 10 分钟。

3 取出蒸好的南瓜丁，加入热鸡汤，用勺子压成泥，晾温后喂给宝宝即可。

百变花样，宝宝更爱吃

💗 **南瓜泥做成的小饼**

南瓜泥混合糯米粉，

放到平底锅煎成饼，

软糯的南瓜饼会让宝宝惊喜，

香甜的味道，让宝宝爱上南瓜。

💗 **南瓜土豆泥**

南瓜泥和土豆泥拌在一起，

味道也特别好哦，

换着口味吃，

宝宝怎么吃都不会感到腻的。

☆ **Tips:**

南瓜子不要扔掉，炒熟后碾成粉，用温开水冲泡吃，有助于驱除宝宝体内的蛔虫。

11~12个月：宝宝爱吃的营养餐

1

2

3

4

3. 胡萝卜玉米粥

原料：大米 30 克，胡萝卜半根，玉米粒 20 克。

做法：①胡萝卜洗净去皮，切小碎块；大米淘洗干净，浸泡 30 分钟。②大米加水后，用小火熬煮成粥，加入胡萝卜块、玉米粒继续熬至软烂即可。

功效：保护视力。

4. 鱼菜泥

原料：鳕鱼肉 25 克，油菜 30 克。

做法：①将油菜、鳕鱼肉洗净后，分别剁成碎末放入碗中，入蒸锅中蒸熟。②将蒸好的油菜碎和鳕鱼肉碎调入适量温开水，搅匀即可。

功效：有利于脑部发育。

2. 绿豆南瓜汤

原料：南瓜 60 克，绿豆 30 克。

做法：①将南瓜去皮、去子，洗净，切成片；绿豆用水洗净。②将绿豆放入锅中，加适量水，大火烧开，改小火煮 30 分钟左右，至绿豆开花时，放入南瓜片，用中火煮至汤稠浓即可。

功效：消暑开胃。

妈妈锦囊

如果宝宝有腹泻现象，应避免吃绿豆，以免症状加重。

妈妈锦囊

煮豆芽时，不要盖锅盖，否则会把豆腥味煮到汤里。

1. 时蔬浓汤

原料：黄豆芽 30 克，西红柿 1 个，土豆 20 克，鸡汤适量。

做法：①黄豆芽洗净，切段；土豆、西红柿分别去皮，洗净，切丁。②锅中加入鸡汤和水煮沸后放入所有蔬菜，大火煮沸后，转小火熬至浓稠即可。

功效：补充维生素和膳食纤维。

5. 鸡汤南瓜土豆泥

原料: 南瓜 30 克, 土豆 30 克, 鸡汤适量。

做法: ①土豆、南瓜分别去皮洗净, 切小块。②将土豆块、南瓜块放蒸锅蒸熟, 盛入碗中, 压成泥。③在南瓜土豆泥中加入适量鸡汤搅拌均匀, 晾温喂宝宝即可。

功效: 锻炼宝宝的咀嚼吞咽能力。

6. 土豆胡萝卜肉末羹

原料: 土豆 30 克, 胡萝卜 1/2 根, 猪瘦肉末 20 克。

做法: ①将土豆、胡萝卜洗净去皮, 切成小块。②土豆块、胡萝卜块放入搅拌机, 加适量水打成泥。③把胡萝卜土豆泥与猪瘦肉末放入碗中, 加水拌匀, 上锅蒸熟即可。

功效: 增强免疫力。

妈妈锦囊
山药有收敛之效, 妈妈不要给便秘的宝宝吃山药。

7. 山药粥

原料: 山药 20 克, 大米 30 克。

做法: ①山药洗净, 去皮, 切块, 放锅中煮 10 分钟, 捞出捣成泥。②大米洗净, 浸泡 30 分钟; 将大米放入锅内, 加水用大火煮沸, 转小火慢煮, 再将山药泥放入, 煮至粥熟。

功效: 缓解腹泻。

8. 小白菜土豆汤

原料: 小白菜 3 棵, 土豆 30 克, 猪瘦肉末 20 克。

做法: ①小白菜洗净, 切段; 土豆去皮, 切丁。②锅中放适量水, 煮沸后下土豆丁, 再次煮沸后, 放入猪瘦肉末煮熟, 放小白菜段略煮即可。

功效: 补充膳食纤维和蛋白质。

9. 胡萝卜肉末粥

原料: 大米 30 克, 胡萝卜 1/2 根, 猪瘦肉 15 克。

做法: ①胡萝卜、猪瘦肉分别洗净, 切碎; 大米洗净。②锅中加水, 放大米、猪瘦肉碎、胡萝卜碎煮成粥即可。

功效: 增强抵抗力。

妈妈锦囊
胡萝卜跟肉一起食用, 胡萝卜素更易被宝宝吸收。

10. 什锦蔬菜粥

功效： 什锦蔬菜粥含有丰富的碳水化合物、膳食纤维、胡萝卜素、B 族维生素和多种矿物质，不仅能促进宝宝的生长发育，还能促进肠道健康。

原料： 大米 30 克，芹菜 10 克，玉米粒 10 克，胡萝卜 10 克。

百变花样，
宝宝更爱吃

♥ **面包比萨**

玉米粒、西红柿丁、黄瓜丁
凑在一起，在家做比萨，
这么丰富的食材，好看的颜色，
宝宝一定会喜欢上的。

♥ **玉米的多种吃法**

玉米是比较常见的五谷杂粮，
其吃法也是多种多样，
可熬粥吃，可炒菜，
也可做成玉米面馒头。

☆ **Tips:**
什锦蔬菜粥中加入黄瓜丁和娃娃菜，
味道也会不错，但娃娃菜要煮得软烂。

做法：

1 将大米淘洗干净，浸泡 1 小时；胡萝卜、芹菜分别洗净，切丁。

2 将大米放入锅中，加适量水，用煮沸。

3 粥将熟时，放入胡萝卜丁、芹菜丁、玉米粒，继续煮 10 分钟即可出锅。

☆**营养师有话说**
这里的各种蔬菜还可以换成应季的水果, 比如苹果、香蕉之类的, 水果粥有甜甜的味道, 既能帮助宝宝消化, 还能使辅食多样化。

此粥中用的蔬果应选用宝宝已经尝试过的食物, 以免引起过敏。

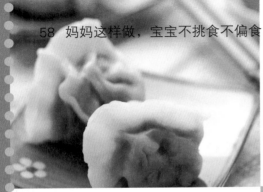

氨基酸
维生素 B_1

11. 小米芹菜粥

功效：小米含有多种维生素、氨基酸等人体所必需的营养物质，其中维生素 B_1 的含量很高，有健胃消食的功效。

原料：小米 50 克，芹菜 30 克。

百变花样，
宝宝更爱吃

❤**芹菜有一股特殊的香气**
有些宝宝特别爱吃芹菜，
但有些宝宝可能不爱吃，
可以剁碎加点虾皮，包成小饺子，
宝宝可能就会爱吃了。

　❤**芹菜叶小煎饼**
芹菜叶的营养价值要高于芹菜茎，
所以择下来的芹菜叶别扔掉，
给宝宝做成芹菜叶小煎饼吧！

做法：

1 小米洗净，加水放入锅中，熬成粥。

2 芹菜洗净，切成丁。

3 在小米粥熬熟时放入芹菜丁。再煮 3 分钟，盛入碗内，晾温给宝宝吃即可。

☆ Tips:
吃芹菜时，可以把芹菜叶保留下来，
煎饼或者包饺子吃。

12. 土豆苹果糊

维生素
钾

功效: 土豆苹果糊可说是土豆泥的升级版,加入苹果后不会觉得特别干,好吃又易消化。土豆苹果糊还能为宝宝补充钾,预防头晕眼花、腹泻。

原料: 土豆20克,苹果半个。

去:

土豆去皮,切成小块,上锅蒸熟后捣成土豆泥。

2 苹果去皮,去核,用搅拌机打成泥状。

3 将土豆泥和苹果泥放入碗中,加入温开水调匀,给宝宝吃即可。

百变花样,宝宝更爱吃

💕 **苹果土豆爱上大米**

苹果、土豆也可以熬煮成粥,这样宝宝既能补充碳水化合物,又能补充满满的维生素。

💕 **宝宝大战苹果片**

妈妈做个"螃蟹"的苹果拼盘,瞧!宝宝看到开心地笑呢。宝宝会拿着苹果片咬着吃,磨磨小牙真舒服!

☆ Tips:
表皮粗糙的土豆口感绵软一些,更适合做土豆泥。

1~2岁：宝宝爱吃的营养餐

1

2

3

4

妈妈锦囊

妈妈可以煮些鸡汤冷冻起来，备用。

1. 油菜软饭

原料： 大米 30 克，油菜 20 克，鸡汤适量。

做法： ①大米洗净，加水，蒸成饭；油菜择洗干净，切末。②将煮好的米饭放入锅内，加入适量鸡汤煮开；再加入油菜末，煮至软烂即可。

功效： 补充维生素 C 和膳食纤维。

2. 什锦水果粥

原料： 大米、草莓丁、哈密瓜丁、苹果丁各 30 克，香蕉 1/2 根。

做法： ①大米洗净，浸泡 1 小时；香蕉去皮，切丁。②大米加水煮成粥，熟时加入苹果丁、香蕉丁、哈密瓜丁、草莓丁稍煮即可。

功效： 开胃，增加食欲。

妈妈锦囊

妈妈可以选用宝宝喜爱的水果。

3. 菠萝粥

原料： 大米 50 克，菠萝果肉 20 克，枸杞子、配方奶各适量。

做法： ①大米洗净，泡 1 小时，加水煮成粥；菠萝果肉切小丁。②粥将熟时，加入菠萝丁、枸杞子和配方奶，搅拌均匀，再煮 10 分钟即可。

功效： 开胃滋补。

4. 平菇二米粥

原料： 大米 40 克，小米 50 克，平菇 40 克。

做法： ①平菇洗净，焯烫后撕片；大米、小米分别淘净。②锅中加适量水，放入大米、小米大火烧沸，改小火煮至粥将成，加入平菇煮熟即可。

功效： 增强体质。

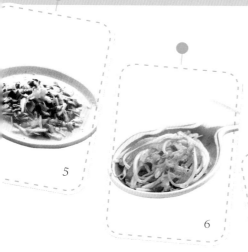

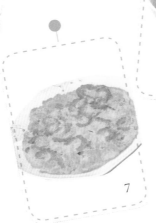

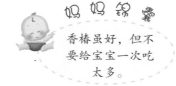

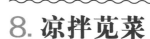

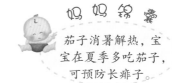

5
6
7
8
9

5. 香橙烩蔬菜

原料：油菜 30 克，鲜香菇 2 朵，金针菇 20 克，鲜榨橙汁 100 毫升。

做法：①油菜、金针菇均洗净，切段；鲜香菇洗净，切丁。②油锅烧热，放入油菜段、香菇丁、金针菇段翻炒，倒入橙汁煮熟即可。

功效：改善便秘症状。

妈妈锦囊

香椿虽好，但不要给宝宝一次吃太多。

6. 豆芽炝三丝

原料：猪瘦肉 25 克，绿豆芽 30 克，红椒 20 克，胡萝卜 1/2 根。

做法：①猪瘦肉、胡萝卜和红椒均洗净切丝；绿豆芽洗净。②油锅烧热，下猪瘦肉丝炒至半熟，再将绿豆芽、胡萝卜丝和红椒丝一起下锅，炒熟即可。

功效：为大脑提供丰富营养。

7. 香椿芽摊鸡蛋

原料：香椿芽 20 克，鸡蛋 1 个，盐适量。

做法：①香椿芽洗净，开水烫 5 分钟，切末。②鸡蛋打入碗中，放入香椿芽末、盐搅匀；油锅烧热，将香椿芽蛋糊倒入锅中成圆形，将其摊熟即可。

功效：增强免疫力。

8. 凉拌苋菜

原料：苋菜 100 克，葱花、香油、盐各适量。

做法：①苋菜洗净，用开水焯熟，捞出控水备用。②将焯熟的苋菜加盐、香油、葱花拌匀即可。

功效：清热利湿，预防便秘。

9. 蒸茄泥

原料：长茄子 1/2 根，盐、芝麻酱各适量。

做法：①长茄子洗净切成细条，隔水蒸 10 分钟左右，把蒸烂的茄子去皮，捣成泥备用。②芝麻酱加盐后用温开水稀释，浇在茄泥上即可。

功效：为宝宝骨骼发育添动力。

妈妈锦囊

茄子消暑解热，宝宝在夏季多吃茄子，可预防长痱子。

10. 意式蔬菜汤

维生素
胡萝卜素

功效： 意式蔬菜汤是由多种蔬菜搭配，富含胡萝卜素、维生素C、钙等营养成分，能够为宝宝提供生长所需的营养，提高身体的免疫力。

原料： 胡萝卜、南瓜、西蓝花、白菜各50克，洋葱30克，盐、高汤各适量。

百变花样，
宝宝更爱吃

♥ **火腿洋葱摊鸡蛋**

洋葱和火腿味的鸡蛋饼，

会让宝宝吃到停不下来，

但妈妈不要让宝宝吃太多，

也不要加太多火腿。

　♥ **香酥洋葱圈**

洋葱还可以用鸡蛋面糊裹住，

入油锅炸一下，

脆脆的，香香的，

一下子就抓住了宝宝的胃。

做法：

1 胡萝卜、南瓜分别洗净，切小块；西蓝花洗净瓣成小朵；白菜、洋葱各洗净，切碎。

2 锅内放少许油，中火加热，放洋葱炒至变软。

3 放入剩余所有蔬菜，翻炒2分钟，再倒入高汤，烧开后转小火炖煮10分钟，加盐调味即可。

☆ Tips:

洋葱含有洋葱素，妈妈会一边切一边流泪。把切开的洋葱放在冰箱冷藏后再切，可以缓解辣味。

11. 五宝蔬菜

功效： 五宝蔬菜颜色搭配非常漂亮，能一下子吸引宝宝的注意力，从而提高宝宝的食欲。此菜营养丰富，既可以促进宝宝的身体发育，还可以促进宝宝的大脑发育，提高智力水平。

原料： 芋头 2 个，胡萝卜 1/2 个，土豆 30 克，木耳 3 朵，平菇 2 朵，盐适量。

法：

1 木耳用温水泡发，去蒂，清洗干净，撕成小片。

2 将土豆、芋头洗净削皮，切成片；平菇、胡萝卜洗净，切片。

3 油锅烧热，先炒胡萝卜片，再放入平菇片、土豆片、芋头片、木耳片翻炒，炒熟后加适量盐调味，盛入碗中即可。

百变花样，宝宝更爱吃

❤ **木耳和肉末炒起来**
香香的味道能勾起宝宝食欲，
丰富的蛋白质促进大脑发育，
铁质为宝宝补血，
预防宝宝贫血，小脸更红润！

❤ **木耳煮粥调理肠胃**
木耳含有丰富的胶质，
可起到清胃涤肠的作用，
与大米同煮成粥，
更养胃、美味。

☆ **Tips:**
将木耳煮软烂给宝宝吃，更有利于铁的吸收。

2 岁后：宝宝爱吃的营养餐

1

2

3

4

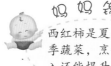

妈妈锦囊

西红柿是夏季的应季蔬菜，烹饪时加入还能提升食欲。

1. 西葫芦炒西红柿

原料： 西葫芦 100 克，西红柿 1 个，盐、蒜片各适量。

做法： ①西葫芦洗净去皮，切片；西红柿洗净切小块。②油锅烧热，蒜片爆香，放入西葫芦片、西红柿块翻炒。③锅内再加少许水，关火闷 2 分钟，加盐调味即可。

功效： 除烦解热，滋润肌肤。

2. 水果沙拉

原料： 青提 5 个，西瓜瓤 20 克，苹果半个，酸奶 250 毫升。

做法： ①青提洗净；苹果去皮，切小块；西瓜瓤切块。②碗中放入青提、苹果块、西瓜块、酸奶拌匀即可。

功效： 有助于免疫系统健康。

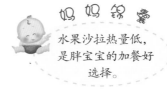

妈妈锦囊

水果沙拉热量低，是胖宝宝的加餐好选择。

3. 山楂糕梨丝

原料： 山楂糕 150 克，梨 1 个，盐适量。

做法： ①将山楂糕和去皮的梨分别切成丝。②将山楂糕丝、梨丝放入淡盐水中过一下，捞出。③将山楂糕丝和梨丝放入大碗中即可。

功效： 促消化，增加食欲。

4. 清炒空心菜

原料： 空心菜 200 克，葱末、蒜末、盐、香油各适量。

做法： ①将空心菜择洗干净，切成段。②油锅烧至七成热时，放入葱末、蒜末炒香；下空心菜炒至断生，加盐、香油调味即可。

功效： 预防便秘。

6

5

8

9

7

5. 银耳羹

原料： 银耳 5 克，冰糖 10 克。

做法： ①银耳温水泡发，去蒂、洗净，撕成片。②锅内加适量水，放入银耳片，大火煮沸后，用小火煮 1 小时；加冰糖，炖至银耳片熟烂即可。

功效： 清肺、润肺、养肺。

6. 牛奶水果丁

原料： 牛奶 200 毫升，苹果丁、梨丁、桃丁、猕猴桃丁各适量。

做法： ①所有水果取果肉切丁放入碗中；牛奶加热，将热牛奶冲入水果丁中。②用勺把牛奶泡过的水果丁捞给宝宝吃，吃完水果丁，剩下的就是果奶。

功效： 提供维生素 C。

妈妈锦囊

有了酸奶布丁，宝宝不会只想吃有添加剂的果冻了。

7. 酸奶布丁

原料： 牛奶 100 毫升，酸奶 50 毫升，苹果 30 克，草莓 3 个，明胶粉适量。

做法： ①牛奶加明胶粉煮沸，晾凉后加酸奶混匀。②苹果去皮切丁；草莓洗净切块。③将苹果丁、草莓块放入酸奶中冰箱冷藏即可。

功效： 提高食欲以及对钙的吸收。

8. 牛奶草莓西米露

原料： 西米 100 克，牛奶 250 毫升，草莓 3 个。

做法： ①西米放入开水中煮到中间剩下个白点，关火闷 10 分钟。②闷好的西米加牛奶冷藏 30 分钟；草莓洗净切块，和牛奶西米拌匀即可。

功效： 增强皮肤弹性。

9. 上汤娃娃菜

原料： 娃娃菜 100 克，鸡汤、姜片、盐各适量。

做法： ①娃娃菜洗净，切段。②油锅烧热，爆香姜片，加鸡汤煮开，下娃娃菜段煮熟，加盐调味，拣去姜片即可。

功效： 促进对钙的吸收。

10. 水果蛋糕

维生素
锌

功效： 这款水果蛋糕可口又营养，含有丰富的 B 族维生素和维生素 C，能促进宝宝生长发育，同时保护皮肤健康，让宝宝气色更好。另外，苹果中富含大量锌元素，可维持大脑正常功能，促进宝宝智力发展。

原料： 面粉 50 克，鸡蛋 1 个，苹果 30 克，梨 30 克，黄油、白糖各适量。

百变花样，宝宝更爱吃

♥ 别出心裁的水果寿司
怎么会有这么好看的造型呢？
这要靠妈妈的巧手！
周末给宝宝做个水果寿司，
让他美美地吃上一餐。

♥ 什锦水果羹，水果的盛宴
宝宝爱吃的水果一起煮熟，
就像自制的水果罐头，
妈妈可以再加入牛奶，
奶味的水果羹更好吃！

☆ Tips:
制作水果蛋糕的过程中可让宝宝帮忙洗水果，这样宝宝不仅爱吃，还有成就感。

做法：

1 苹果和梨分别洗净，去皮、去核，切碎备用。

2 黄油化开，加白糖，边搅拌边加鸡搅成白色稠糊状。

3 加入面粉、切碎的苹果、梨，搅成面糊，所有食材倒进模具中，上锅隔水蒸熟，放凉后切块即可。

11. 口水杏鲍菇

氨基酸

功效： 杏鲍菇含有宝宝生长发育所必需的精氨酸、赖氨酸等多种人体必需的氨基酸，对于促进宝宝记忆、开发宝宝智力有重要的作用。

原料： 杏鲍菇1根，蒜4瓣，黄甜椒1个，芝麻酱、熟白芝麻、生抽、盐各适量。

法：

1 杏鲍菇洗净，切片，下入开水中焯熟，捞出沥干水分，放入一个大碗中。

2 黄甜椒洗净，去子、去白膜，切碎；蒜剥皮，切末，与黄甜椒碎放入盛有杏鲍菇片的碗中。

3 芝麻酱中放入适量凉开水、生抽、盐，搅拌均匀成调料，倒入碗中，将所有食材拌匀，撒上熟白芝麻即可。

百变花样，宝宝更爱吃

💛杏鲍菇黄瓜炒里脊肉

杏鲍菇富含植物性蛋白质，猪肉富含动物性蛋白质，再加上富含维生素的黄瓜，哇！营养太丰盛了。

💛香烤杏鲍菇

偶尔来点不一样的味道，杏鲍菇有肉的质感，对于爱吃肉的宝宝，也会爱上香嫩的杏鲍菇！

☆ Tips:
杏鲍菇不要选用表面纤维太粗的。表面纤维太粗，表示太老了，不利于宝宝消化。

肉肉肉：营养美味，就是爱吃

肉食中富含多种营养素，是宝宝生长发育所必需的食物，尤其是其中的优质蛋白质更是重要。优质蛋白质是指所含的必需氨基酸种类齐全、数量充足、比例适当，不但能维持健康，并能促进生长发育的蛋白质。肉食的添加也要遵循泥状→糊状→肉末状→小块状→块状的添加原则。

宝宝不爱吃肉的原因

宝宝不爱吃肉的原因有 3 点。最常见的原因是家长可能在对肉进行处理时，将肉弄得不太烂，肉的纤维丝粗，宝宝吃后觉得塞牙、嚼不烂，就不喜欢吃肉了。

第 2 个原因就是有的宝宝不喜欢吃油腻的东西或者讨厌某些肉的特殊味道，一看到有肉的菜肴就会觉得很反胃，没有胃口。

第 3 个原因可能是跟父母的烹调方法有关系，如果肉做出来颜色不好、感官不好、味道不好，宝宝也可能拒绝吃肉。

父母要先以身作则

宝宝的饮食习惯受父母的影响非常大，所以平常要为宝宝做出榜样，除了不要在宝宝面前议论哪种菜好吃，哪种菜不好吃，或者不要说自己爱吃什么，不爱吃什么以外，素食父母们也要在其他家人的协助下，让宝宝习惯吃肉。为了宝宝的健康，父母应改变和调整自己的饮食习惯，努力让宝宝吃到各种各样的食物，以保证宝宝生长发育所需的营养。

不宜给宝宝吃市售的肉松

市售的肉松味道香浓，口感独特，许多宝宝都喜欢吃。而不少妈妈也觉得市售的肉松营养丰富，吃起来简单方便，把肉松当作宝宝餐桌上的常客。然而，市售的肉松和新鲜的肉类在营养上还是有差别的，而且其中的添加料也多，因此妈妈应少给宝宝吃市售的肉松。如果条件允许，妈妈可以自己在家给宝宝做肉松吃。

妈妈的饮食习惯对宝宝的影响大，妈妈吃肉，宝宝也爱吃肉。

宝宝饿时喂肉类辅食，
可以让宝宝爱上吃肉。

试试这些方法，让宝宝爱上吃肉

💗 宝宝怕塞牙，可以先把肉做成肉泥，然后在做鸡蛋羹、做馅或者做辅食的时候把肉泥混在宝宝爱吃的食物中，让宝宝不知不觉地把肉吃进去。刚开始要少混一点，等到宝宝能够接受以后，在做炒菜、炒饭、菜肉粥、小饺子、鸡蛋饼的时候适当逐渐增加一些，颗粒也逐渐增粗一些，这样由少到多，循序渐进，宝宝对肉就能够接受了。

💗 先尝试白肉再添加红肉。如果宝宝不喜欢红肉，如猪肉、牛肉、羊肉，可以先给他吃白色的肉，如鸡肉，等宝宝感受到肉的香味以后，再逐渐把红肉引入到宝宝的饮食中。

💗 如果想让宝宝胃口好，吃得多，在饭前 2 小时不要让宝宝吃东西，因为宝宝的胃口很小，如果在饭前 2 小时特别是饭前 1 小时，哪怕让宝宝只喝奶，吃些果泥，食欲都会受到影响。饿是最好的"下饭菜"，所以，有饥饿感的宝宝在吃饭的时候吃什么都会香。

💗 增加宝宝体力活动量，适当让宝宝爬一爬、走一走，或者去户外玩一玩，等到饭点再把新的食物端上来，宝宝就会吃得津津有味了。

💗 激发宝宝对食物的兴趣。有时宝宝胃口不佳，或是对某种食物不感兴趣，会出现偏食现象，这时父母不要紧张，不要责骂或是强迫宝宝进食，这样只能造成宝宝逆反心理，适得其反。可以用语言或者改变食物的做法和形态，如摆出可爱的造型，将食材均匀搭配等，以此激发宝宝的兴趣。

宝宝无肉不欢，要有所约束

肉的营养很丰富，味道也好，相比不爱吃肉的宝宝，有些宝宝是无肉不欢的，但如果因此形成偏食，就对健康不利了。首先，肉类中的脂肪含量过高，大量吃肉很容易使宝宝长胖，而肉中的胆固醇含量也高，长时间进食会影响心血管的健康。其次，太偏爱肉类食物而不爱吃其他的食物，会造成偏食、营养不均衡，缺乏某种营养素，对宝宝的生长发育也不是很有利。因此，要尽量帮助宝宝养成营养均衡的饮食习惯，比如，给宝宝吃肉的时候，尽量搭配蔬菜泥，让宝宝慢慢接受蔬菜的味道；尽量挑选瘦肉给宝宝吃，以减少饱和脂肪的摄入。另外，3 岁以内的宝宝，尽量将肉捣碎点再吃，以便于宝宝食用和消化。

宝宝吃的肉一定要选红润新鲜的。

如何选择肉类食物

在给宝宝制作肉类食物时，如肝泥、肉泥，在食材的选择上也是有学问的。

动物肝脏这样选：

♥ 认真挑选新鲜的肝脏。一般新鲜肝脏颜色鲜亮，肝面平滑有光泽，用手触摸，坚实有弹性。而不新鲜的肝脏颜色暗淡、没有光泽，表面起皱、变软，并且带有异味。去生意好、客流量大的超市或店铺购买，更容易买到新鲜的肝脏。

♥ 不要一次性购买太多。由于肝脏类食物比较容易变质，因此不要一次性购买太多。宝宝每周吃 1 次肝泥就足够了。

♥ 烹饪前的处理。将少量花椒粒放在水中，然后放入肝脏，浸泡 30 分钟，可以有效除去肝脏的异味。用刀背敲一敲肝脏，让筋膜自然分离，取出筋膜，腥气就会减轻。

♥ 搭配宝宝喜爱的食物进行烹饪。将肉汤和肝泥搅拌一下，味道会改善很多。还可以将宝宝喜欢的蔬菜泥、果泥点缀在肝泥上，诱导宝宝食用肝泥。

识别注水肉有技巧：

♥ 牛肉纤维组织粗，注水后的牛肉像洗过一样。猪、羊肉纤维组织细，注水后的瘦肉看上去水淋淋的发亮。

♥ 用手触摸里脊肉的部位，如果手是油腻腻的，就是未注水的，如果水渍渍的则是注过水的，因为注水猪肉冲淡了黏性。

♥ 贴纸法，将餐巾纸贴在刚切开的切面上，纸上没有明显浸润则说明没注水。

明星食材推荐

　　肉类食物中富含脂肪、蛋白质，能够让宝宝长得壮壮的，而且宝宝食用肉类可以补铁、补钙，预防贫血、营养不良等情况，下面就为家长介绍几款能让宝宝更健康的肉食。

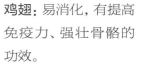

鸡翅：易消化，有提高免疫力、强壮骨骼的功效。

鸡肉：鸡肉所含的脂肪低，蛋白质含量高，可以切成末或丁煮粥给宝宝吃。

羊肉：羊肉虽温补，但是不要给宝宝过量食用，以免上火，一般冬天吃较好。

排骨：炖汤喝，可补充骨胶原，给宝宝提供所需的钙质。

牛肉：和猪肉相比，其中的蛋白质、氨基酸更接近人体，能增强抵抗力。

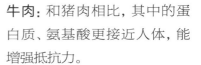

鸡肝：富含铁可以有效防治宝宝缺铁性贫血。

鸭血：补血、解毒，但是要注意在挑选时要选择新鲜的。

6~8个月：宝宝爱吃的营养餐

1

2

3

4

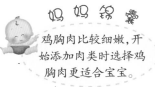

妈妈锦囊
鸡胸肉比较细嫩，开始添加肉类时选择鸡胸肉更适合宝宝。

1. 鸡泥粥

原料： 大米 20 克，鸡胸肉 30 克。

做法： ①大米淘洗干净；鸡胸肉煮熟后撕成细丝，并剁成肉泥。②大米放入锅内，加水慢火煮成粥，煮到大米完全熟烂后，放入鸡肉泥再煮 3 分钟即可出锅，晾温后喂宝宝。

功效： 补充蛋白质和维生素。

2. 菠菜猪肝泥

原料： 猪肝 15 克，菠菜 20 克。

做法： ①猪肝洗净，去筋膜，煮熟用刀或勺子将猪肝刮成泥。②菠菜取叶子，焯烫 2 分钟，捞出切末。③把猪肝泥和菠菜末放锅中，加适量水，小火煮，边煮边搅拌，直到猪肝熟烂即可。

功效： 促进视力发育。

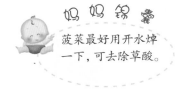

妈妈锦囊
菠菜最好用开水焯一下，可去除草酸。

3. 西红柿鸡肉汤

原料： 鸡胸肉 50 克，西红柿 1 个。

做法： ①鸡胸肉煮软切碎；西红柿去皮后切成丝。②锅内加水煮沸，加入鸡胸肉和西红柿丝后，待鸡胸肉碎煮熟即可，取上层清液喂宝宝。

功效： 补血，利尿。

4. 鸡肝泥

原料： 鸡肝 25 克。

做法： ①将鸡肝洗净，用刀背拍几下，横向剖开，去掉筋膜和脂肪，剁成泥状。②将鸡肝泥放入碗中，隔水蒸 30 分钟即可。

功效： 补铁，预防贫血。

5

6

7

8

9

5. 绿豆猪肝粥

原料： 猪肝 20 克，绿豆、大米各 30 克。

做法： ①猪肝去筋膜洗净，浸泡后切碎；大米、绿豆洗净。②大米、绿豆放锅中，加适量水，小火熬煮至开花，加入猪肝碎煮至软烂即可。

功效： 补血明目。

6. 猪肝泥

原料： 猪肝 35 克。

做法： ①将猪肝洗净，横剖开，去掉筋膜和脂肪，剁成泥状。②猪肝放入碗中，隔水蒸 30 分钟即可。

功效： 促进视力发育。

妈妈锦囊

黄花菜要煮熟后再给宝宝食用，以免引起不适。

7. 香菇鸡丝米汤

原料： 鸡肉 50 克，大米 30 克，干黄花菜 10 克，香菇 3 朵。

做法： ①干黄花菜泡软，反复冲洗几次，切段；香菇用水浸泡后，去蒂、洗净，切丝。②鸡肉洗净、切丝；大米淘净。③将大米、黄花菜段、香菇丝放入锅内煮沸，再放入鸡丝煮至粥熟，取汤即可。

功效： 健体益智，预防感冒。

8. 鸡肉玉米泥

原料： 鸡肉 50 克，玉米粒 30 克。

做法： ①鸡肉洗净，切丁；玉米粒洗净。②鸡肉丁和玉米粒分别煮熟。③将煮熟的鸡肉丁和玉米粒放入搅拌机，打成泥状即可。

功效： 防便秘，强壮身体。

9. 肝末鸡蛋羹

原料： 鸭肝 20 克，蛋黄 1/8 个。

做法： ①鸭肝煮熟按压成泥，备用。②蛋黄中加适量温开水打匀，放入鸭肝泥搅匀，隔水蒸 7 分钟左右出锅，晾温后喂宝宝。

功效： 补血，益智。

9～10个月：宝宝爱吃的营养餐

1

2

3

4

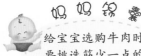

妈妈锦囊

给宝宝选购牛肉时，要挑选筋少一点的，宝宝容易咀嚼。

1. 芋头丸子汤

原料：芋头、牛肉各 50 克。

做法：①芋头去皮，洗净，切小丁。②牛肉洗净，切末；肉末加适量水沿一个方向搅打上劲，做成丸子。③锅内加水，煮沸后下芋头丁，再次煮沸后放牛肉丸子，小火煮熟即可。④将牛肉丸、芋头丁用勺子碾碎再喂给宝宝。

功效：补充蛋白质和维生素。

2. 肉末海带羹

原料：海带 30 克，猪瘦肉末 20 克，水淀粉适量。

做法：①海带洗净，切成细条，混入猪瘦肉末拌匀。②锅中加水煮沸后，放入肉末海带条，边煮边搅拌，待海带条软烂，加水淀粉勾芡即可。

功效：补充蛋白质和碘。

妈妈锦囊

妈妈要选择新鲜的猪肝，并用流动的水进行多次冲洗。

3. 珍珠三鲜汤

原料：鸡胸肉末、豌豆、西红柿丁、胡萝卜丁各 20 克，蛋黄液适量。

做法：①鸡胸肉末加蛋黄液，朝一个方向搅拌上劲，制成丸子。②锅中加适量水，放入西红柿丁、胡萝卜丁、豌豆、鸡肉丸煮熟即可。

功效：补充多种营养物质。

4. 菠菜猪肝粥

原料：大米 30 克，猪肝 40 克，菠菜 20 克。

做法：①猪肝洗净，切成末；菠菜洗净，焯烫，切末。②大米洗净，加适量水，煮沸后转小火，将猪肝末放入搅匀煮成粥；出锅前放菠菜末稍煮即可。

功效：补铁，预防贫血。

妈妈锦囊

根据季节，可以添加应季蔬菜，让宝宝吃得更健康。

5. 玉米鸡丝粥

原料：鸡胸肉 40 克，大米 50 克，熟玉米粒 20 克，芹菜 10 克。

做法：①芹菜洗净切丁；大米淘洗干净，加水煮成粥；鸡胸肉洗净切丝，放入粥内同煮。②粥熟时，加入玉米粒和芹菜丁，稍煮片刻即可。

功效：促进消化。

6. 豆腐瘦肉羹

原料：豆腐 50 克，猪瘦肉末 30 克，青菜、水淀粉各适量。

做法：①豆腐切丁；猪瘦肉末炒熟；青菜洗净，切碎。②锅中放水，煮沸后放豆腐丁、猪瘦肉末、青菜碎煮熟，加水淀粉勾芡即可。

功效：健脑益智。

7. 什锦烩饭

原料：牛肉 20 克，大米 50 克，熟蛋黄 1 个，胡萝卜、土豆、青豆各适量。

做法：①将牛肉洗净切碎；胡萝卜、土豆削皮洗净切碎；青豆洗净；大米淘净。②将大米、牛肉碎和所有蔬菜放入锅中加水小火焖熟，加熟蛋黄搅拌均匀即可。

功效：促进食欲。

8. 西红柿烩肉饭

原料：米饭 50 克，鸡腿肉末、西红柿丁各 20 克，胡萝卜丁、青椒丁各 10 克，鸡汤适量。

做法：①油锅烧热，依次放入鸡腿肉末、西红柿丁、胡萝卜丁、青椒丁、米饭翻炒。②加入鸡汤，稍煮片刻即可。

功效：增强体力。

9. 蛋黄碎牛肉粥

原料：大米、牛肉末各 30 克，蛋黄液适量。

做法：①油锅烧热，放牛肉末炒熟，盛出备用。②大米洗净，加适量水，煮成粥；将熟时，放蛋黄液、炒好的牛肉末拌匀略煮即可。

功效：补充能量，提高免疫力。

10. 西红柿鸡肝泥

功效： 西红柿所含苹果酸、柠檬酸等有机酸，能增加胃酸浓度，调整胃肠功能；其中所含的果酸及膳食纤维，有助消化、润肠通便的作用，可防治便秘。鸡肝富含维生素A和铁，是宝宝补铁的好选择。

原料： 西红柿 1/2 个，鸡肝 30 克。

❤ **鸡肝煮粥也很美味**

有些宝宝不喜欢鸡肝的味道，
妈妈可以试一下煮粥，
既能补充体力又补铁补血，
鸡肝中的维生素A还能让
宝宝的眼睛更明亮。

❤ **西红柿鸡肝饭**

西红柿和鸡肝很适合搭配，
刚添加时可以做成泥状，
宝宝大点后可做小碎粒状。

☆ **Tips:**

最好买生鸡肝自己做，熟鸡肝不太容易辨别是否新鲜。

做法：

1 鸡肝用水浸泡 30 分钟后，放入冷水锅中，煮熟，然后切成末。

2 西红柿洗净，放入开水中烫一下后去皮，放入碗中，捣烂。

3 西红柿泥中倒入鸡肝末，搅拌成泥糊状，上锅蒸 5 分钟，晾温给宝宝吃。

11. 什锦鸭羹

矿物质
蛋白质

功效： 什锦鸭羹食材丰富，营养均衡，含有丰富的蛋白质以及钙、镁等矿物质，容易消化，吸收性好。常食此羹能提高宝宝记忆力和专注力。鸭肉性寒，有除热消肿、止咳化痰等作用，尤其适合食用配方奶而导致上火的宝宝食用。

原料： 鸭肉 50 克，青笋 30 克，香菇 3 朵。

法:

1 香菇洗净，去蒂，切丁；青笋洗净，切丁。

2 将鸭肉洗净，切丁后氽水。

3 另起一锅，加水，放入鸭肉丁、香菇丁、青笋丁，煮至熟烂后盛出即可。

百变花样，宝宝更爱吃

♥**红豆鸭肉粥**

红豆补血，鸭肉富含蛋白质，两者是美味又营养的好搭配。

♥**鸭脖还是不吃为妙**

现在家禽多是被"催熟"的，而"促熟剂"残余集中在头颈，长期吃鸡鸭鹅的颈部，会出现"促性早熟"的现象。

♥**芹菜和鸭肉一起煮粥**

是夏季一道营养品，既能降暑，又能养胃。

☆ Tips:
做鸭肉时别忘了氽水，要不然腥味会让宝宝难以下咽。

11~12个月：宝宝爱吃的营养餐

1

2

3

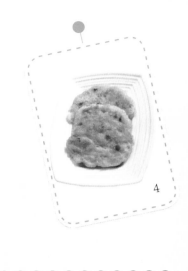

4

妈妈锦囊

薏米性寒，脾胃虚寒、消化功能较弱的宝宝不宜多吃。

1. 莲藕薏米排骨汤

原料：排骨 100 克，薏米 50 克，莲藕 1 节，醋适量。

做法：①莲藕洗净，去皮，切薄片；薏米洗净；排骨洗净，氽水。②将排骨放入锅内，加适量的水，大火煮开后加醋，转小火煲 1 小时。③将莲藕片、薏米全部放入，大火煮沸后，改小火煲 1 小时即可。

功效：促进宝宝骨骼发育。

2. 鸡肉蛋卷

原料：鸡蛋黄 1 个，鸡腿肉 50 克，面粉 60 克，盐适量。

做法：①鸡腿肉洗净，剁成泥，加盐拌匀；鸡蛋黄打散，加面粉、水搅成面糊。②油锅烧热，倒入面糊，摊成饼，饼上加鸡肉泥卷成卷，蒸熟即可。

功效：预防营养不良。

妈妈锦囊

给宝宝做菜，蒸食是很好的方法，可保留更多营养。

3. 肉丁西蓝花

原料：西蓝花 100 克，猪瘦肉 50 克。

做法：①猪瘦肉切丁；西蓝花洗净，掰成小朵，焯烫后捞出。②油锅烧至五成热时放入肉丁翻炒，快炒时，下西蓝花炒至熟软即可。

功效：促进消化，预防便秘。

4. 迷你小肉饼

原料：猪肉末 30 克，面粉 50 克。

做法：①将猪肉末、面粉加水搅拌成肉面糊。②油锅烧热后，将一大勺肉面糊倒入煎锅中，慢慢转动锅铲，将面糊摊成小饼，煎熟摆盘即可。

功效：强健筋骨。

5. 丸子面

原料: 宝宝面条50克,猪瘦肉末50克,木耳碎、黄瓜片各适量。

做法: ①猪瘦肉末加水朝一个方向搅成泥状,制成肉丸。②将宝宝面条煮熟,捞出备用;将肉丸、木耳碎、黄瓜片放入沸水中煮熟,连汤放入面中即可。

功效: 易于消化。

6. 丝瓜豆腐汤

原料: 特级火腿15克,丝瓜1/2根。

做法: ①丝瓜洗净,削皮,切块;豆腐切块。②油锅烧热,下丝瓜块稍炒片刻,加入水煮沸约3分钟,下豆腐块煮至熟软即可。

功效: 促进骨骼发育。

妈妈锦囊

柠檬的清香能去除排骨的腥味,让宝宝更容易接受。

7. 柠檬排骨汤

原料: 排骨150克,柠檬1/4个。

做法: ①排骨洗净,切块,汆烫;柠檬洗净切片。②锅中水烧开,放入排骨块,大火煮20分钟,再转小火煲1小时,放入柠檬片,煲10分钟即可。

功效: 为宝宝提供充足钙质,促进骨骼生长。

8. 美味鸡丝

原料: 鸡胸肉150克,海鲜酱适量。

做法: ①鸡胸肉切成四块,放入沸水中煮熟,捞出后撕成丝备用。②鸡丝中加少许海鲜酱拌匀。③油锅烧热,倒入腌制好的鸡丝翻炒均匀即可。

功效: 补充蛋白质。

9. 猪肉软面条

原料: 宝宝面条30克,猪瘦肉末20克,排骨汤适量。

做法: ①宝宝面条剪成小段煮熟,捞出。②锅中放排骨汤,煮沸后将猪瘦肉末放入,煮至熟透,放入煮好的面条略煮即可。

功效: 促进皮肤健康、红润。

10. 鸡汤馄饨

维生素
蛋白质

功效: 鸡肉的蛋白质含量相当高，比猪肉、羊肉、鹅肉、牛肉都多。此外，鸡肉富含不饱和脂肪酸，是宝宝较好的蛋白质食物来源。鸡肉中还含有维生素、烟酸、钙、磷、钾、钠、铁等多种营养素，非常适合贫血的宝宝。

原料: 鸡腿肉 50 克，青菜 2 棵，馄饨皮 10 张，鸡汤、葱花各适量。

百变花样，宝宝更爱吃

♥升级版鸡汤馄饨

加入用蛋黄液做成的蛋卷丝，
以及鲜美的小虾皮，
鸡肉的鲜，加上虾皮的鲜，
让宝宝好吃到停不下来！

　♥鸡汤面疙瘩

　鸡汤可以做很多美食，
　煮汤、煮面、炒菜、拌面，
　都可以加入鸡汤，
　既提鲜，又能补充蛋白质。

☆ Tips:
大多数宝宝都会很喜欢吃馄饨，妈妈要控制好量，若一次吃太多对宝宝肠胃不好。

做法:

1 青菜择洗干净，切成碎末；鸡腿肉洗净剔除骨头，剁碎。

2 将青菜末和鸡腿肉末拌匀做成馅料放入馄饨皮里，包成馄饨。

3 锅中倒鸡汤烧开，下入馄饨，煮熟时盛出，撒上葱花，即可。

喂宝宝吃馄饨时，最好用
勺子将馄饨切成小块。

☆营养师有话说

将蔬菜和肉混合做成馄
饨，营养更全面，而且还
可以把宝宝不爱吃的蔬菜
混在馅里。妈妈尽量自己
做馄饨皮，实在没有时间
可以买现成的。

1~2岁：宝宝爱吃的营养餐

1

2

3

4

3. 牛肉土豆饼

原料： 牛肉 50 克，鸡蛋 1 个，土豆 50 克，面粉、盐各适量。

做法： ①土豆去皮洗净，蒸熟，加少许温开水捣成泥糊；鸡蛋打散；牛肉剁成泥，加盐与土豆泥混合。②拌好的牛肉土豆泥做成圆饼，裹一层面粉，再裹上蛋液，放入油锅，双面煎熟即可。

功效： 补充能量，增强体力。

4. 鸡肉炒藕丝

原料： 鸡胸肉、莲藕各 50 克，红椒丝、黄椒丝各 20 克，酱油适量。

做法： ①鸡胸肉、莲藕均洗净切丝。②油锅烧热，放入红椒丝、黄椒丝，炒到有香味时，放入鸡肉丝翻炒；将熟时加藕丝，炒熟透后加酱油调味即可。

功效： 温补肠胃。

2. 煎猪肝丸子

原料： 猪肝 50 克，西红柿 1/2 个，鸡蛋 1 个，面粉、淀粉、番茄酱各适量。

做法： ①猪肝去筋膜，洗净，剁成泥，加面粉、鸡蛋、淀粉拌均匀。②油锅烧热，将肝泥挤成丸子，下锅煎熟；西红柿洗净切碎，同番茄酱一起煮成稠汁，倒在煎好的猪肝丸子上即可。

功效： 预防贫血。

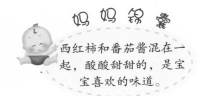

妈妈锦囊

西红柿和番茄酱混在一起，酸酸甜甜的，是宝宝喜欢的味道。

妈妈锦囊

夏季给宝宝吃些丝瓜，能降暑，可预防长痱子。

1. 丝瓜肉片汤

原料： 丝瓜半根，猪肉 20 克，鲜香菇 1 朵。

做法： ①丝瓜洗净，削皮，切块；猪肉洗净，切片；鲜香菇洗净，去蒂，切小块。②锅中放适量水，煮沸后放入丝瓜块，再次煮沸后改小火煮约 3 分钟，下肉片、香菇块煮至熟软即可。

功效： 解毒通便，祛风化痰。

5

6

7

8

9

5. 滑子菇炖肉丸

原料: 滑子菇 50 克,牛肉末 100 克,胡萝卜片、盐、淀粉各适量。

做法: ①滑子菇洗净,掰开;牛肉末加盐、淀粉,做成牛肉丸。②锅中加水,烧沸后下牛肉丸稍煮,再放滑子菇、胡萝卜片煮熟,放盐调味即可。

功效: 增强体质,促进发育。

6. 丸子冬瓜汤

原料: 冬瓜 100 克,猪瘦肉末 50 克,盐、水淀粉各适量。

做法: ①冬瓜去皮洗净,切片;猪瘦肉末加盐、水淀粉拌匀,捏成丸子,蒸熟。②油锅烧热,加冬瓜片煸炒,加盐和适量水煮沸,放入丸子稍煮片刻即可。

功效: 利湿消肿、清热降暑。

妈妈锦囊

烹饪竹笋前用沸水焯一下,可有效去除其所含的草酸。

7. 滑炒鸭丝

原料: 鸭胸肉丝 80 克,竹笋 20 克,香菜段、蛋清、水淀粉、盐各适量。

做法: ①将鸭胸肉丝加盐、蛋清、水淀粉搅匀,腌制片刻;竹笋切丝,入沸水焯一下。②油锅烧热,下鸭胸肉丝炒熟,倒入竹笋丝、香菜段炒熟,加盐调味即可。

功效: 补充蛋白质和 B 族维生素。

8. 菠萝牛肉

原料: 牛里脊肉 100 克,菠萝肉 50 克,料酒、酱油、淀粉各适量。

做法: ①牛里脊肉切片,用料酒、酱油、淀粉略腌 20 分钟;菠萝肉切块。②油锅烧热,爆炒牛肉片后再加菠萝块翻炒至熟即可。

功效: 增加食欲。

9. 山药胡萝卜排骨汤

原料: 排骨块 100 克,山药块、胡萝卜丁各 50 克,盐、香菜叶各少许。

做法: ①排骨块洗净,氽水去血沫。②锅中加适量水,放排骨块煮沸后转小火继续煮 30 分钟后放山药块、胡萝卜丁煮至软烂,出锅时放盐,点缀香菜叶即可。

功效: 增强免疫力。

10. 椰浆炖鸡翅

功效： 椰浆富含人体所需的多种氨基酸、钙、锌、锰、铁、维生素 C 等营养元素，经常吃可以满足宝宝的营养需求，提高宝宝的营养摄入量，增强人体免疫力。椰浆与富含蛋白质的鸡翅同食，营养更丰富。

原料： 土豆 50 克，鸡翅 200 克，红椒 1/2 个，青椒 1/2 个，椰浆 50 毫升，盐、白糖各适量。

碳水化合物
蛋白质

若家中没有椰浆，用牛奶代替，味道也不错。

做法：

1 将鸡翅、红椒、青椒分别洗净后切成小块；油锅烧热，放入鸡翅块，用小火煎至金黄，控油后捞出。

2 土豆去皮洗净切小片备用；油锅中放入土豆片，煎至金黄。

3 倒入鸡翅块，加水、盐和白糖，大火烧开，再放入青椒块、红椒块，改小火炖 5 分钟，出锅前倒入椰浆，烧至汤汁浓稠即可。

11. 小米蒸排骨

功效： 小米入脾、胃、肾经，具有健脾和胃的作用。猪排骨除含有大量的高蛋白、脂肪、维生素外，还含有大量磷酸钙、骨胶原，可以为宝宝提供丰富的钙质。

原料： 排骨 300 克，小米、料酒、白糖、生抽、蚝油各适量。

钙
蛋白质

做法：

小米可以很好地中和排骨的油腻，让宝宝更爱吃。

1 提前将排骨洗净，斩块，放入水中浸泡 20 分钟，除去血水；小米洗净后浸泡 2 小时。

2 将浸泡好的排骨块取出，放入一个大碗中，放入少量的料酒、白糖、生抽、蚝油拌匀，再加入浸泡好的小米，拌匀。

3 将拌好的小米排骨块码在盘子中，放入蒸锅蒸熟即可。

2岁后：宝宝爱吃的营养餐

红椒不辣而略甜，色泽亮丽，宝宝更喜欢

芦笋鸡丝

注意盐和酱油的用量，不能太咸了。

红烧狮子头

1. 芦笋鸡丝

原料：鸡胸肉100克，芦笋50克，红椒1个，白糖、生抽、姜末、蒜末、盐各适量。

做法：①鸡胸肉洗净切丝，沸水汆烫；芦笋洗净切长段，入盐水内煮至断生；红甜椒去蒂去子，洗净切条。②油锅烧热，炒香姜末、蒜末，再放入鸡丝爆炒至表面呈微焦黄色，加入芦笋段、红椒条，调入盐、白糖和生抽，炒熟即可。

功效：补充蛋白质，增强体力。

2. 咸水肝尖

原料：猪肝1块，葱段、姜片、盐、料酒各适量。

做法：①猪肝用水洗净，放入水中浸泡2小时，中途换三四次水。②将猪肝均匀地抹上一层盐，装进保鲜袋里，腌渍3小时左右。③锅里加水，放入葱段、姜片，煮开后放入猪肝，再加少许料酒，煮30分钟左右，取出后切片即可。

功效：补铁补血，预防营养不良。

3. 红烧狮子头

原料：猪五花肉150克，荸荠、高汤、姜片、盐、白糖、水淀粉、酱油各适量。

做法：①猪五花肉洗净，剁末；荸荠洗净，去皮切碎。②以上两者混合，加盐、水淀粉搅匀，做成肉丸。③肉丸入油锅炸至表面金黄盛出备用。④另起锅加入姜片肉丸、高汤炖煮，加盐、白糖、酱油调味，小火煮至汁浓、食材全熟，用水淀粉勾芡即可。

功效：补充蛋白质及维生素，宝宝长得壮。

4.玉米香菇虾肉饺

功效: 虾肉饺含有丰富的蛋白质、卵磷脂和 B 族维生素,可强健宝宝身体。另外,虾肉口感鲜香,吃起来有一定的嫩滑感,宝宝会更喜欢吃。

原料: 饺子皮 13 个,猪肉 150 克,香菇 3 朵,虾仁 5 个,胡萝卜、玉米粒各适量。

卵磷脂
蛋白质

做法:

虾肉不宜久放,宝宝每次能吃多少就做多少。

1 胡萝卜去皮洗净,切小丁;香菇泡发洗净切丁;虾仁洗净切丁。

2 猪肉和胡萝卜一起剁碎,放入香菇丁、虾仁丁、玉米粒搅匀,加适量盐制成馅。

3 饺子皮包上肉馅,或是包成宝宝喜欢的造型,入沸水锅中煮熟,捞出装盘即可。

5. 麦香鸡丁

亚酸油
蛋白质

功效：燕麦片是一种营养丰富的食物，富含 B 族维生素，蛋白质含量高，是普通小麦粉的 2 倍，其脂肪 80% 都是不饱和脂肪酸，亚油酸的含量也非常高，与鸡肉搭配食用，可促进宝宝健康发育。

原料：鸡胸肉 150 克，燕麦片 50 克，白胡椒粉、盐、淀粉各适量。

❤健脑益智的松子爆鸡丁
核桃仁、松子等坚果，
是补脑的好食物，
放入菜肴中宝宝更爱吃，
不知不觉中帮助大脑发育！

　❤宝宝版宫保鸡丁
宫保鸡丁是四川传统名菜，
给宝宝吃时可以不加辣椒，
蔬菜可多选几种，
这道菜会是宝宝的下饭能手！

☆ Tips:
一定要用新鲜的鸡肉，冷冻鸡肉会失去相当多的水分，鸡丁会有干涩感。

做法：

1 鸡胸肉用温水洗净，切丁，加盐、淀粉、适量的水搅拌上浆。

2 油锅烧至四成热，放入鸡丁滑炒后捞另起油锅烧至六成热，倒入燕麦片至金黄色，捞出沥油。

3 油锅留底油，倒入炒好的鸡丁、燕麦片翻炒，加入少许白胡椒粉、盐调味，炒匀即可。

6. 枸杞子鸡爪汤

维生素
骨胶原

功效： 枸杞子含有丰富的胡萝卜素、维生素 B_1、维生素 C、钙、铁等视力发育所需营养素，所以俗称"明眼子"。鸡爪富含骨胶原，与枸杞子做汤营养丰富，可提高宝宝的免疫力。

原料： 鸡爪 4 只，枸杞子 10 克，胡萝卜、盐各适量。

法：

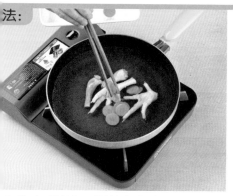

1 将鸡爪洗净；胡萝卜去皮洗净切片，与鸡爪一同下入沸水中氽一下；枸杞子洗净。

2 另起锅，将鸡爪、胡萝卜片、枸杞子倒入锅内，加热水烧沸，放入盐，大火煮开后转小火炖。

3 隔段时间搅拌一下，防止鸡爪粘锅，炖熟后盛出，晾温后给宝宝吃。

百变花样，
宝宝更爱吃

♥ **海带鸡爪汤**
鸡爪和海带搭配煮汤，
味道鲜美，而且能补钙、补碘。

♥ **市售的鸡爪别给宝宝吃**
不管是熟食还是真空包装，
大部分都会含有添加剂，
对宝宝的发育有负面影响。

♥ **妈妈在家自制五香鸡爪**
既没有添加剂等不健康的成分，
又能给宝宝解馋。

☆ Tips:
给宝宝吃鸡爪时，可以将指尖去掉，以免引起危险。

海鲜：吃鱼吃虾，越吃越聪明

海鲜富含不饱和脂肪酸，如 EPA 和 DHA，尤其是深海鱼类，对宝宝大脑神经系统的发育有促进作用，能使宝宝更聪明。海鲜脂肪含量低，蛋白质含量高于禽肉类，其中所含的氨基酸、牛磺酸等吸收率高，能促进宝宝骨骼及内脏器官的发育。此外，海鲜还含有大量的钙、磷、锌等矿物质，可以保证宝宝的营养更全面。

何时给宝宝添加海鲜

对于何时可以给宝宝添加海鲜这一点，要根据每个宝宝的具体情况来决定。一般来说，在宝宝七八个月时，如果鸡肉、猪肉等肉类已经添加一段时间了，就可以试着给宝宝吃一点海鲜，如果宝宝本身是过敏体质或者有家族过敏史，最好将时间再拖后一点，从 9~10 个月甚至 1 岁以后再开始给宝宝添加。

吃海鲜并非多多益善

尽管海鲜味美，营养丰富，对宝宝的生长发育有好处，但并非多多益善，也就是说每次都要注意适量，不能贪吃。在加工海鲜时一定要烧熟煮透，烫海鲜时一定要烫足够的时间，以防外熟内生。特别是常见的生鱼片、生海胆、醉螃蟹、醉虾等海鲜，宝宝要少吃，最好不吃。这类食品即使很新鲜，但未经烹煮过程，容易发生病菌或寄生虫感染及引发过敏现象。正处在生长发育期的宝宝，机体各种生理功能还不完善，免疫力和抵抗力都比较弱，如果吃海鲜时不注意卫生，更容易引起不良后果。同时，要少吃或不吃刺多的鱼类，以免鱼刺挑不干净，宝宝被细小的鱼刺卡住喉咙而发生意外。

海鲜添加不宜早、不宜多。

给宝宝吃海鲜的 8 个要诀

相信很多妈妈在准备给宝宝添加海鲜的时候，都是有很多顾虑的，一方面是怕宝宝吃海鲜过敏，另一方面是不知道应该怎么添加海鲜类辅食。别急，下面就为妈妈讲清楚海鲜类辅食添加的 8 个重点，牢记它们，让宝宝更安全地吃辅食，更健康地成长。

❤ **首次"河"为先。** 河鱼、河虾引发过敏的概率比海产品相对小一些，可作为初次给宝宝添加鱼虾的选择。

❤ **警惕发生过敏。** 宝宝初次尝试鱼虾时，微量即可，待确认没有过敏表现时方可逐渐加量。

❤ **少油炸、多炖蒸。** 油炸易使不饱和脂肪酸氧化破坏，不但营养降级，还会产生有害的脂质过氧化物。

❤ **死鱼死虾不要碰。** 死鱼死虾由于放置时间过长，容易滋生细菌。除非确定鱼虾"刚刚过世"。

❤ **"小比大好"。** 体积大、分量重的鱼体内容易蓄积更多的有毒重金属，小于 2 斤的鱼安全系数更高。

❤ **多≠好。** 每周三四顿、每顿二三两是较适宜的量。过于频繁地吃鱼虾会导致营养失衡，同时也有重金属超标的危险。

❤ **清洗有重点。** 鱼头和鱼腹内的黑膜往往藏着寄生虫和重金属，一定要清除。

❤ **汤水要为辅。** 鱼虾富含蛋白质、钙、钠，食用后需要更多的水分来帮助消化，因此，更适合安排在早午餐中，并搭配青菜汤；下午和傍晚则注意给宝宝多喝清水。

什么样的鱼适合做鱼泥

❤ **肉质要新鲜。** 选购鱼类时肉质要有弹性、鱼鳃呈淡红色或鲜红色、眼球微凸且黑白清晰、外观完整、鳞片无脱落、无腥臭味等。这样的鱼比较新鲜，宝宝食用起来更安全。

❤ **小刺少。** 鱼泥比肉泥难做，主要是很难去刺，鱼肉中的大刺很明显，容易挑出来，而小刺让人防不胜防，所以，一定要挑小刺少的鱼，如鳕鱼、黄花鱼、鲅鱼等，这些鱼肉中几乎没有小刺。

❤ **吃鱼腹肉和两腮的肉。** 鱼鳃两侧各有一块肉，肉质鲜嫩且无刺，最适合宝宝食用。而鱼腹上基本没有小刺，同样适合宝宝食用。如鲈鱼、鲫鱼等。

鱼虾要选新鲜的，存放很久的冷冻鱼虾也不适宜给宝宝吃。

容易过敏的宝宝什么时候可以吃海鲜

　　海鲜是容易引起过敏的食物之一。很多专家建议宝宝七八个月后再吃，因为此时宝宝适应了肉类，且免疫系统和消化系统也有所发育，更容易接受海鲜。

　　如果有家庭过敏史，如花粉热、哮喘、食物过敏等，至少要等到宝宝1岁以后再吃海鲜。需要注意的是，如果宝宝对海鲜过敏，食用时一定要注意。

吃海鲜后不要马上吃水果

　　由于鱼、虾、蟹等海鲜含有丰富的蛋白质和钙等营养素，而水果中常含有一定量的鞣酸（常见鞣酸含量较多的有葡萄、石榴、山楂、柿子等），鞣酸进入胃肠道后，既会与蛋白质发生沉淀凝固反应，影响人体对蛋白质的充分吸收，还可与海鲜中的钙相结合，形成不易消化的化合物，不仅使海鲜的营养价值大为降低，还容易导致消化不良，同时可刺激胃肠道，引起腹痛、腹泻、恶心、呕吐等症状。这就是许多宝宝，在吃完海鲜又食入大量水果后出现腹泻的原因。

海鲜与水果同吃，容易引起宝宝腹泻、呕吐。

预防鱼虾过敏的措施

　　如果宝宝确定对鱼虾过敏，那么家长应该将鱼虾以及含有鱼虾成分的所有食物从宝宝的食谱中去除，避免再次接触或食用到鱼虾，进而发生过敏现象。

　　保证优质蛋白质的摄入，畜禽肉、豆及豆制品、奶及奶制品都是优质蛋白质的良好来源。食物制作上，应该细碎松软，以便于宝宝咀嚼吞咽、消化吸收。保证优质油脂的摄入，增加 ω-3 脂肪酸的摄入，可以从富含不饱和脂肪酸的食物中获取（橄榄油、亚麻籽油等），也可以选择营养补充剂，但是应避免食用鱼油，以防发生过敏，可以选择藻油来源的 DHA。

　　要告知其他家庭成员及亲戚朋友，避免宝宝意外食用鱼虾引起过敏；当宝宝发生急性过敏反应时，可及时采取相关措施。

　　宝宝对鱼虾过敏不一定是终身过敏，一般过敏宝宝在避免食用鱼虾一段时间后，会不再过敏。所以3个月后，可以再次尝试食用鱼虾，不少过敏宝宝可能不再会出现过敏症状。

宝宝对海鲜过敏怎么办

　　过敏体质的宝宝，吃了海鲜后可能会出现过敏反应，如出现皮疹、湿疹等，一旦发现过敏的情况，应立即停喂。对海鲜过敏的宝宝，可以先从鱼肉开始添加，每次添加一种，然后观察宝宝是否过敏，如果没有过敏症状后再试着添加另一种鱼，等宝宝适应鱼肉后再添加虾肉及其他海鲜。若宝宝确实过敏，可以增加肉类的量，以补充由于不能添加鱼类、虾类等海鲜而导致的蛋白质欠缺。

明星食材推荐

　　海鲜类食物有低脂肪、高蛋白的特点，而且能够健脑，让宝宝更加聪明，不过很多家长在添加海鲜类辅食时，常常有海鲜容易让宝宝过敏的顾虑，这里就给出一些低致敏的海鲜食物，以供参考。

牡蛎：富含锌，可为宝宝提供所需的锌，预防缺锌。

蛤蜊：蛤蜊可以补益身体，促进宝宝生长发育，和鸡蛋一起蒸食，味道更鲜美。

虾：蛋白质、钙、铁含量丰富，可促进宝宝骨骼、牙齿生长发育，预防贫血。

扇贝：富含碳水化合物——维持大脑功能的必需能源，促进宝宝大脑发育。

三文鱼：富含DHA，可促进宝宝大脑和脑神经系统的发育。

武昌鱼：有调理脾胃、开胃、促进消化的功效，能预防宝宝积食。

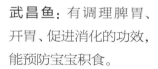

黄花鱼：刺少肉多，有利于宝宝消化吸收，提高食欲。

6~8个月：宝宝爱吃的营养餐

1

2

3

4

妈妈锦囊

菠菜可以换成其他应季蔬菜，小白菜、西红柿、胡萝卜等都可以。

1. 鱼泥菠菜粥

原料：黄花鱼肉 20 克，大米 30 克，菠菜 20 克。

做法：①黄花鱼肉煮熟后去皮、去刺，捣成泥；菠菜洗净，切碎。②大米洗净，加水煮成粥，然后将鱼肉泥、菠菜碎加入锅中，煮熟即可。

功效：有利于神经系统发育。

2. 鱼肉粥

原料：鲅鱼肉 50 克，大米 30 克。

做法：①鲅鱼肉洗净去皮、去刺，剁成泥；大米淘净。②大米入锅煮成粥，煮熟时下入鱼泥煮沸即可。

功效：促进宝宝智力和视力发育。

妈妈锦囊

鲅鱼刺少肉多，味道鲜美，营养丰富，还具有补气平咳作用。

3. 鲜虾冬瓜汤

原料：冬瓜 100 克，鲜虾 3 只。

做法：①冬瓜洗净去皮，切片；鲜虾洗净，去头，去壳，去虾线。②锅中加水烧开后，放入冬瓜片，冬瓜快煮熟时加入鲜虾煮熟烂，碾碎后喂宝宝即可。

功效：利尿去火。

4. 香菇鱼丸汤

原料：黄花鱼肉 50 克，香菇 2 朵，豆腐适量。

做法：①香菇洗净，切十字花刀；豆腐切薄片；黄花鱼肉去骨、去刺，剁成泥，制成鱼丸。②锅中加水，放香菇、豆腐片、鱼丸，煮熟。③用勺子将鱼丸压碎喂给宝宝即可。

功效：提高免疫力。

5

6

7

8

9

5. 鲜虾粥

原料： 鲜虾 3 只，大米 30 克，葱花适量。

做法： ①鲜虾洗净，去头，去壳，去虾线。②大米淘洗干净，加水煮成粥，加鲜虾搅拌均匀，煮 3 分钟后撒入葱花即可。

功效： 补钙、补锌。

6. 丝瓜虾皮粥

原料： 丝瓜 40 克，大米 30 克，虾皮适量。

做法： ①丝瓜洗净，去皮，切小块；大米洗净，浸泡 30 分钟。②大米倒入锅中，加水煮成粥，将熟时，加丝瓜块和虾皮同煮，煮熟即可。

功效： 补充钙质。

妈妈锦囊

每次食用紫菜不要超过 5 克。食用前用清水泡软、洗净。

7. 紫菜豆腐粥

原料： 豆腐 30 克，紫菜 5 克，大米 30 克。

做法： ①大米淘洗干净，浸泡 30 分钟；将豆腐切成小丁；紫菜泡发，漂洗干净，切碎。②大米加水熬成粥，加入豆腐丁、紫菜碎，转小火再煮至豆腐丁熟即可。

功效： 提高免疫力。

8. 鱼泥馄饨

原料： 鳕鱼肉 50 克，馄饨皮 10 张，葱末适量。

做法： ①鳕鱼肉洗净去刺，剁成泥。②鱼泥加少许水，朝一个方向上劲，包入馄饨皮中。③锅内加水，煮沸后放入馄饨煮熟，撒上葱末即可。

功效： 补充蛋白质。

9. 油菜胡萝卜鱼丸汤

原料： 油菜 20 克，鳕鱼肉 50 克，胡萝卜 1/2 根。

做法： ①鳕鱼肉去刺，剁成泥，制成鱼丸；油菜择洗干净，剁碎；胡萝卜洗净，切小碎丁。②锅内加水，煮沸后放胡萝卜碎丁、油菜碎、鱼丸煮熟。③用勺子将鱼丸压碎喂给宝宝吃即可。

功效： 提高脑细胞活力。

9～10个月：宝宝爱吃的营养餐

鱼肉泥细嫩且富含蛋白质，能为宝宝补充体力。

平鱼泥

1. 平鱼泥

原料：平鱼净肉 30 克。

做法：①将平鱼净肉洗净，放入锅中，加水清炖 15～20 分钟。②炖熟透后将鱼肉用小勺压成泥状即可。

功效：补充蛋白质和不饱和脂肪酸，促进宝宝大脑发育。

2. 鱼末豆腐粥

原料：鱼肉 30 克，大米 50 克，豆腐 20 克。

做法：①鱼肉洗净，去刺，切末；豆腐洗净，切碎；大米淘洗干净。②将大米放入锅中，加适量水，大火煮沸后转小火，加入鱼肉末、豆腐末同煮至熟。③晾温后用勺子碾碎后喂宝宝。

功效：促进大脑、牙齿发育。

3. 奶油鱼羹

原料：鲈鱼肉 50 克，鱼汤、配方奶、芹菜各适量。

做法：①把洗净、去刺的鲈鱼肉放热水锅中，煮后研碎；芹菜洗净，切碎。②另起一锅，加鱼汤煮沸，放入研碎的鲈鱼肉，再放少许配方奶和芹菜碎，煮熟即可。

功效：让宝宝身体更强壮。

4. 虾泥

原料：鲜虾 3 只。

做法：①鲜虾洗净，去头，去壳，去虾线，剁成虾泥后，放入碗中。②在碗中加少许水，上锅隔水蒸熟即可。

功效：补充钙质。

奶油鱼羹

5. 蛋黄鱼泥羹

功效： 鱼肉中富含不饱和脂肪酸DHA，可使脑神经细胞间的信息传达顺畅，提高宝宝的脑细胞活力，增强记忆、反应与学习能力。蛋黄中的铁含量丰富，是宝宝补铁的主要食物之一。

原料： 鱼肉30克，熟蛋黄1/2个。

DHA
铁

做法：

1 将熟蛋黄用勺子压成泥，备用。

2 将鱼肉放入碗中，然后上锅蒸15分钟，剔除皮、刺，用小勺压成泥状。

3 将鱼肉泥加适量温开水搅拌均匀，撒上熟蛋黄泥，再次搅拌均匀，用小勺喂宝宝吃即可。

宝宝初次添加蛋黄时，可以先从1/8个开始添加。

6. 鳕鱼毛豆

氨基酸
蛋白质

功效： 鳕鱼具有高营养、低胆固醇、易于被人体吸收的优点，还含有宝宝发育所必需的各种氨基酸，其营养比值和宝宝的需求量非常相近，而且它的刺非常少，是做宝宝辅食的上选食材。

原料： 鳕鱼肉 50 克，毛豆 30 克。

做法：

1 鳕鱼去皮、去刺，洗净，蒸熟，盛入碗中，碾成泥糊状。

2 毛豆煮熟后剥皮，也碾成泥糊状。

3 锅内放入清水煮沸，放入毛豆泥、鳕鱼泥略煮即可。

百变花样，宝宝更爱吃

💗 **鲜味十足的鳕鱼肉**

与青菜、大米一起烹饪，

熬制成青菜鳕鱼粥，

鲜香可口极了，

蛋白质、维生素、碳水化合物，

全部被宝宝吃到肚子里！

💗 **柠檬煎鳕鱼**

柠檬酸酸的味道，

既能去腥味，又能提升食欲，

让宝宝开心地吃起来。

妈妈记得要检查有没有鱼刺。

☆ **Tips:**

毛豆是否新鲜要看豆荚颜色是否翠绿，豆荚茸毛是否有光泽。

超市买回来的鳕鱼解冻后最好一次吃完，以防反复冷冻导致营养流失。

☆营养师有话说

鳕鱼分为很多种，营养成分最好的是银鳕鱼。超市卖的大部分是冷冻的切片，看外观的话，宜选择肉质颜色洁白，肉上面没有特别明显的红线，鱼鳞非常紧密的鳕鱼。而用来冒充鳕鱼的油鱼则是长圆形的切面，鱼皮粗糙，有斑点，鱼肉呈黄白色。

11~12 个月：宝宝爱吃的营养餐

妈妈锦囊
三文鱼也可以换成其他肉质鲜嫩的鱼肉。

1. 鱼泥豆腐

原料： 三文鱼肉 50 克，豆腐 80 克，蛋黄碎适量。

做法： ①三文鱼肉洗净，剁成泥，加入蛋黄碎，朝一个方向搅拌上劲；豆腐洗净，切大块。②在切好的豆腐块上铺上三文鱼泥，放入蒸锅，大火蒸熟即可。

功效： 促进大脑和视网膜发育。

2. 海鲜炒饭

原料： 米饭 50 克，虾仁 5 个，墨鱼 1 只，干贝碎 10 克，蛋黄液适量。

做法： ①虾仁去虾线洗净；墨鱼洗净，切丁；蛋黄液煎成蛋皮，切丝，码在盘子周围。②油锅烧热，将墨鱼丁、干贝碎、虾仁拌炒，加米饭炒匀，盛入盘中即可。

功效： 提供优质蛋白质和能量。

妈妈锦囊
海鲜易引起过敏，所以要选择宝宝尝试过且不过敏的。

3. 虾仁豆腐

原料： 豆腐 1/2，虾仁 2 个，胡萝卜 1/2 根，青豆适量。

做法： ①豆腐洗净，切块；胡萝卜洗净，切丁；虾仁去虾线，洗净；青豆洗净。②锅中加清水烧开，放豆腐丁、胡萝卜丁、青豆煮熟，再放入虾仁煮熟即可。

功效： 增强体质。

4. 蔬菜虾蓉饭

原料： 鲜虾 3 只，西红柿丁、芹菜丁、香菇丁各 15 克，米饭 1 碗。

做法： ①鲜虾去壳、去虾线，洗净，切丁后蒸熟。②所有蔬菜丁加水煮熟，与虾丁一起浇在米饭上即可。

功效： 提供多种营养素。

5. 鲅鱼馄饨

原料： 鲅鱼肉 50 克，馄饨皮 10 张，小白菜 2 棵，香菜适量。

做法： ①将鲅鱼肉洗净去刺，剁成泥；小白菜、香菜分别洗净切碎；将鱼泥、小白菜碎混合做馅，包入馄饨皮中。②锅内加水，煮沸后放入馄饨煮熟，撒上香菜碎即可。

功效： 促进骨骼发育。

6. 虾肉冬蓉汤

原料： 鲜虾 6 只，冬瓜 100 克，姜片、香油各适量。

做法： ①鲜虾取虾肉；将冬瓜洗净，去皮、去瓤，切小粒。②锅中加水，放入冬瓜粒、虾肉、姜片煲至熟烂，加香油调味即可。

功效： 补钙，祛湿利水。

妈妈锦囊

鱼丸不要做得太大，避免宝宝食用困难。

7. 蒸鱼丸

原料： 鲅鱼肉 50 克，胡萝卜 1/2 根，莲藕、排骨汤、水淀粉各适量。

做法： ①鲅鱼去刺，剁成鱼蓉，加水淀粉拌匀，做成鱼丸。②鱼丸上锅蒸熟；将胡萝卜、莲藕切碎，放排骨汤中煮软烂，加水淀粉勾芡，浇在鱼丸上即可。

功效： 促进大脑发育。

8. 鱼蛋饼

原料： 鳕鱼肉 75 克，鸡蛋 1 个，番茄酱适量。

做法： ①鳕鱼肉煮熟压碎；鸡蛋打散加入鱼肉碎搅拌均匀。②油锅烧热，倒入鱼肉蛋液摊成圆饼状，煎至两面金黄，盛盘切块，淋入番茄酱即可。

功效： 健脑益智，促进发育。

9. 虾皮鸡蛋羹

原料： 鸡蛋 1 个，小白菜 2 棵，虾皮、香油各适量。

做法： ①温水泡软虾皮，切碎；小白菜洗净略烫，切碎。②将虾皮碎、小白菜碎、打散的蛋液、适量温开水混合打匀。③上锅蒸熟，淋上香油即可。

功效： 有利于钙质吸收。

10. 白菜鱼肉面

功效：鲤鱼肉、鸡蛋富含蛋白质，有助于宝宝增强体质，而且，白菜中的膳食纤维含量达到 90% 以上能起到促排便、助消化的功效。

原料：荞麦面条 50 克，白菜 20 克，鲤鱼净肉 50 克，鸡蛋 1 个，玉米粒 30 克。

**百变花样，
宝宝更爱吃**

♥ **胡萝卜鱼泥粥**

胡萝卜与鱼肉搭配，
促进宝宝对营养的吸收，
增强宝宝体力，
保护宝宝视力。

♥ **西红柿鱼片**

酸甜可口的味道，
让宝宝更爱吃饭，
充分补充蛋白质，
让宝宝更强壮。

☆ **Tips:**

即便是切碎的鱼肉不应长时间煮制，
但也一定要煮熟透后再给宝宝吃。

做法：

1 白菜择洗干净，切成碎末；鲤鱼净肉洗净，剁成碎末。

2 将水倒入锅内，待水沸腾后，放入玉米粒、荞麦面条。

3 待荞麦面条煮至将熟时，加入鲤鱼肉末、白菜末煮熟，出锅前将鸡蛋打散后淋入锅内即可。

鱼肉细腻易碎，也可
直接用鱼肉片煮面。

1~2岁：宝宝爱吃的营养餐

蛤蜊蒸蛋

虾仁菜花

1. 油菜鱼片

原料：油菜5棵，鲈鱼肉100克，豆腐20克，鱼汤适量。

做法：①油菜洗净切段；鲈鱼肉洗净去刺，片成片；豆腐洗净后切片。②锅内加鱼汤，放入鱼片烧开后投入油菜段、豆腐片煮熟即可。

功效：提供多种营养素。

2. 蛤蜊蒸蛋

原料：蛤蜊5个，虾仁4只，鸡蛋1个，平菇3朵，盐适量。

做法：①蛤蜊取肉切碎。②将虾仁去虾线洗净，切丁；平菇洗净，切丁。③鸡蛋中加盐、蛤蜊碎、虾仁丁、平菇丁、温开水拌匀，隔水蒸熟即可。

功效：健脑益智。

3. 虾仁菜花

原料：菜花60克，虾仁6只，盐、橄榄油适量。

做法：①菜花洗净掰小朵；虾仁去虾线，洗净，切丁。②锅中加水，水沸后滴入橄榄油，放入菜花，将菜花煮软，再放入虾仁丁煮熟，加盐调味，盛出即可。

功效：补充维生素C和锌。

4. 紫菜虾皮南瓜汤

原料：南瓜100克，虾皮、紫菜各10克，鸡蛋1个，盐、葱花各适量。

做法：①南瓜去皮、去子，切丁；鸡蛋打散。②锅内放水、南瓜丁和虾皮，煮至南瓜丁软烂，用锅铲搅散；放紫菜、鸡蛋液稍煮，加盐、葱花即可。

功效：有助于骨骼快速发育。

5. 茄汁虾

功效：虾是高蛋白的食物，不仅味道鲜美，而且是宝宝的补钙小能手。虾的做法可谓千变万化，但茄汁虾的做法应该是每个宝宝都喜爱的。

原料：鲜虾 3 只，番茄酱、姜片、盐、白糖、面粉、水淀粉各适量。

为了保证鲜虾熟透，妈妈可以多翻炒一会。

钙
蛋白质

做法：

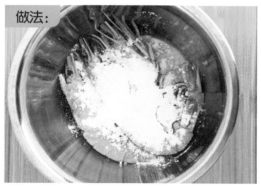

1 将鲜虾洗净，剪去虾须与尖角，挑去虾线，放入盐和面粉抓匀。

2 油锅烧热，放姜片，再放入裹上面粉的大虾，小火炸至金黄，捞出控油。

3 另起油锅烧热，放入番茄酱、白糖、盐、水淀粉和水烧成稠汁，放入炸好的虾，翻炒均匀即可。

钙
蛋白质

6. 虾仁西蓝花

功效： 此菜荤素搭配，营养补充更加全面，而且翠绿和红色的视觉刺激，也会让宝宝食欲大开。虾仁鲜美的味道，浸入到西蓝花里，会让不爱吃西蓝花的宝宝也吃得不亦乐乎。

原料： 西蓝花 100 克，虾仁 50 克，红椒 1 个，鸡蛋清、姜片、蚝油各适量。

百变花样，宝宝更爱吃

💗 **鲍汁版虾仁西蓝花**

鲍鱼汁鲜美，可补钙补铁补锌，但 1 岁以下的宝宝不宜多吃，还有感冒的宝宝不宜吃哦。

💗 **凉拌版虾仁西蓝花**

用沸水焯熟的西蓝花，与煮熟的虾仁一起凉拌吧，加点醋和黑芝麻，让宝宝尝尝凉拌菜的味道。

做法：

1 虾仁洗净，加入鸡蛋清拌匀；西蓝花洗净掰成小朵；红椒洗净切片。

2 油锅烧热，煸香姜片，倒入西蓝花甜椒片翻炒均匀。

☆ **Tips:**

虾仁本身就有鲜味，没必要加太多调味品，这样会掩盖本来的虾鲜味。

3 倒入裹好鸡蛋清的虾仁，调入蚝油炒匀即可。

妈妈可以不用买处理好的虾仁，将活虾去头、去壳、去虾线，味道更鲜美。

☆**营养师有话说**
要使虾仁吃起来鲜嫩，首先要用干净餐巾擦去虾仁多余的水，放入盐腌制一会，再用挤压的方法，使虾仁中多余的水进一步排出，加入淀粉反复搅拌，在虾仁上劲后，加入少量的植物油抓拌均匀备用。

2岁后：宝宝爱吃的营养餐

苋菜性寒，腹泻宝宝要少吃。

苋菜鱼肉羹

1. 苋菜鱼肉羹

原料：鲈鱼肉50克，苋菜5棵，葱花、盐各适量。

做法：①将鲈鱼肉洗净，去刺切丁；苋菜洗净，切段。②锅中加适量水烧开，放入鲈鱼肉丁、苋菜段、盐煮开，撒上葱花即可。

功效：促进宝宝牙齿和骨骼的生长。

2. 青菜鱼丸汤

原料：青菜2棵，鲤鱼肉50克，胡萝卜1/2根，土豆1/2个，水淀粉、盐各适量。

做法：①鲤鱼肉剔除鱼刺，剁泥，加水淀粉制成鱼丸；青菜洗净，开水焯后剁碎；胡萝卜洗净，切丁；土豆去皮洗净，切丁。②烧水放入胡萝卜丁、土豆丁、盐、青菜、鱼丸煮熟即可。

功效：提高脑细胞活力，让宝宝更加聪明、活泼。

3. 鲫鱼竹笋汤

原料：鲫鱼1条，竹笋100克，盐适量。

做法：①将鲫鱼处理干净；竹笋去外壳，洗净，切片，焯水。②油锅烧热，放入鲫鱼，将鲫鱼两面略煎，加适量水，放入竹笋片大火烧开后转小火，加盐再煮30分钟后起锅即可。

功效：冬季温补，预防宝宝生病。

4. 虾丸韭菜汤

原料：鲜虾200克，鸡蛋1个，韭菜末、淀粉、盐各适量。

做法：①鲜虾去头、壳、虾线，洗净，剁成蓉；鸡蛋将蛋黄和蛋清分开。②虾蓉中放蛋清、淀粉，搅成糊状；将蛋黄打散后放入油锅，摊成鸡蛋饼，切丝。③锅内放适量水，开锅后用小勺舀虾糊汆成虾丸，放蛋皮丝，再沸后，放韭菜末、盐略煮。

功效：润肠通便，预防便秘。

虾丸韭菜汤

5.干贝淡菜瘦肉粥

功效： 淡菜被称为"海中鸡蛋"，含有丰富的蛋白质、氨基酸、矿物质、维生素等营养元素，对促进新陈代谢，保证大脑和身体活动的营养供给具有积极的作用。

原料： 大米50克，干贝、淡菜干各10克，猪瘦肉50克，盐适量。

氨基酸
蛋白质

干贝、淡菜咸鲜可口，煮粥食用，味道清淡鲜美，宝宝更喜欢吃。

做法：

1 淡菜干用温水浸泡；干贝洗净，用温水浸泡12小时，然后洗去泥沙，装盘。

2 猪瘦肉洗净，切末；大米淘洗干净，浸泡1小时。

3 锅置火上，加适量水煮沸，放入大米、淡菜、干贝、猪瘦肉末同煮，煮至粥熟后加盐调味即可。

6. 清蒸鲈鱼

功效：鲈鱼富含蛋白质、维生素 A、B 族维生素、钙、镁、锌、硒等营养元素，具有补肝肾、益脾胃、化痰止咳之效，对肝肾不足的宝宝有很好的补益作用。清蒸鲈鱼不仅口感鲜美，还能最大限度地保留营养，非常适合宝宝食用。

原料：鲈鱼 1 条，葱、姜、香菜叶、蒸鱼豉油、橄榄油各适量。

维生素
蛋白质

做法：

可在清蒸鲈鱼里加入一些蔬菜，如冬笋、香菇等，也可少量加入酱油调味。

☆营养师有话说

挑选鲈鱼以 750 克左右的为宜，鱼太大肉质会比较粗糙。选择体型溜长、颜色偏青、鱼鳞有光泽、透亮的为好。用手指按一下鱼身，富有弹性的就表示鱼体较新鲜。

1 鲈鱼处理洗净后在鱼身两面划花刀，放入蒸盘中；葱、姜分别洗净，分别一半切丝，一半切葱段、姜片备用。

2 在鱼身上撒上葱段、姜片，热水上蒸锅蒸 10 分钟左右出锅。

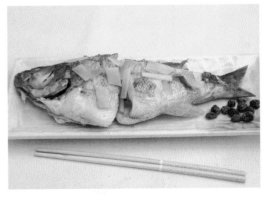

3 捡去葱段、姜片，撒上葱丝、姜丝、香菜叶，淋上蒸鱼豉油；少许橄榄油烧热浇在鱼上即可。

7.蛏子炖肉

功效：蛏子的营养价值很高，其含有很多的维生素、矿物质以及其他的微量元素。2 岁以后的宝宝，可以适量吃些蛏子，蛏子含有的锌和锰，有益于大脑的营养补充，有健脑益智的作用。

原料：五花肉 50 克，豆腐 200 克，蛏子 100 克，酸菜 20 克，盐、白糖各适量。

清洗蛏子时向水里加一点盐，帮助吐尽泥沙。

蛋白质
矿物质

做法：

1 五花肉洗净，切片；豆腐洗净，切条；酸菜洗净，沥干水后，切段备用。

2 蛏子洗净，沸水氽烫后沥干；另起油锅烧热，倒入豆腐条，两面煎黄。

3 再另起油锅，爆香姜片，加入五花肉片炒香，加入水、蛏子，煎好的豆腐条、酸菜段、盐、白糖，炖煮 15 分钟。

鸡蛋：花样变变变，百吃不厌

别看鸡蛋小，但一枚鸡蛋可以玩出各种花样，简单的煮鸡蛋、软香的鸡蛋卷、滑嫩的炒鸡蛋、香香的鸡蛋羹……鸡蛋是很多美食里不可或缺的搭配，营养丰富，含有卵磷脂、优质蛋白质、维生素A等营养成分，且有利于消化吸收，是宝宝补益身体、健脑益智的好食材。

蛋黄不是首选辅食

不建议将蛋黄作为首选辅食的主要原因是蛋黄并非补铁的最佳食品，且易导致宝宝过敏。蛋黄虽然营养丰富，但所含的铁为磷酸铁，吸收率低。1个蛋黄含铁约0.4毫克，由于又是磷酸铁，铁的吸收率仅为3%。因此，鸡蛋黄并非补铁佳品。最初的辅食应富含铁，其中，强化铁的婴儿米粉是一个很好的选择。除了富含铁元素、营养全面之外，米粉引发过敏的概率也很低，特别适合作为宝宝的第一口辅食。

蛋黄怎么添

添加米粉5~7天后，再开始补充蛋黄。如果以往湿疹严重的宝宝，在吃蛋黄后口唇及全身出现皮疹，应暂停。

刚开始，每天喂1/8个蛋黄。喂后要注意观察宝宝的大便情况，如有腹泻、消化不良等现象就先暂停喂食，调整后再慢慢添加；如果大便正常就可逐渐加量到1/4~1/2个蛋黄，约三四周后就可以喂到每日1个。1岁以后，1天半个到1个鸡蛋量的蛋类也是可以的，根据具体情况家长们自己把握。对于部分不爱吃蛋类的孩子，不吃也没有关系，注意保证优质蛋白、卵磷脂等营养素的摄入量即可。添加方法如制作蛋黄泥：鸡蛋洗净后放入冷水中煮，等水开后再煮5分钟，冷却后取出蛋黄，用小匙将蛋黄切成4份，取其中1份，用开水或米汤、配方奶调成糊状，喂给宝宝即可。

蛋黄应在添加婴儿米粉5~7天后添加，初次添加量最好从1/8开始，慢慢增加。

鸡蛋、鹌鹑蛋、鸭蛋，营养差别大吗

有很大一部分家长都会有这样的困惑，鸡蛋、鹌鹑蛋、鸭蛋是否都适合宝宝吃？吃的时候需要注意什么？如蛋清、蛋黄根据多大月龄分开吃？不同月龄的宝宝该吃多少分量的蛋？

鸡蛋、鹌鹑蛋、鸭蛋是否适合宝宝吃，要看宝宝有多大以及是否有过敏等情况。鸡蛋、鹌鹑蛋和鸭蛋的营养价值相差无几。一般情况下，6 个月以后的宝宝就可以吃蛋黄了。与蛋黄相比，蛋清更容易导致宝宝过敏，如湿疹、腹泻等症状。所以一般建议宝宝先尝试蛋黄，再开始吃全蛋，但对于 6 个月以后已经吃整蛋的宝宝来说，若没有过敏等症状，就可以继续吃。需要注意的是，患过湿疹的宝宝或有过敏家族史的，尝试蛋黄以后如果出现过敏，注意禁食蛋黄 3 个月以后再尝试添加。

别给宝宝吃未煮熟的鸡蛋

生鸡蛋不但存在沙门氏菌污染问题，还有抗酶蛋白和抗生物素蛋白两种有害物。给宝宝吃鸡蛋，一定要煮熟，以吃蒸蛋为好，如果是白煮蛋，冷水下锅水沸后再煮上 7 分钟为好。但也无须煮太长时间，比如超过 10 分钟或更久，此时鸡蛋蛋白质结构会变得更紧密，不容易与宝宝胃液中蛋白质消化酶接触，较难消化。另外，鸡蛋中的蛋氨酸经过长时间加热，会分解出硫化物，与蛋黄中的铁发生反应，形成不易吸收的硫化铁，营养损失较多。

宝宝吃鸡蛋过敏怎么办

鸡蛋过敏症是一种免疫系统过敏反应，是身体对吃的鸡蛋产生抗体造成的。有时候，皮肤接触鸡蛋也会引起过敏反应。很多人是从幼儿时期就开始对鸡蛋过敏，但 5 岁后通常会自然消失。如果是发生这种情况，就不应该再给宝宝喂食鸡蛋，最好是连含有鸡蛋成分的食品也不要吃。如果是过敏表现比较严重（比如全身皮疹、红痒、甚至呼吸心率异常）等，需要及时就医治疗。

宝宝吃蛋黄后大便干燥严重，需要停喂

有的宝宝在添加蛋黄后，出现大便干燥的情况，这是因为宝宝刚添加辅食，肠胃还不适应。若干燥得厉害可以停喂一两天，让宝宝的肠胃休息一下。另外，虽然纯母乳喂养的宝宝可以不喂水，但是开始添加蛋黄后宝宝出现大便干燥的情况，可以酌情适当给宝宝补些水，并在宝宝腹部顺时针按摩，以促进肠蠕动，防止便秘。

给宝宝吃的鸡蛋一定要煮熟透。

6~8个月：宝宝爱吃的营养餐

红薯红枣蛋黄泥

蛋黄泥中也可加入牛奶，口感更细腻，营养更丰富。

蛋黄泥

1. 玉米蛋黄糊

原料：鸡蛋 1 个，玉米粒 20 克。

做法：①将鸡蛋放入锅中，中火煮 10 分钟，取 1/8 个蛋黄，备用；玉米粒用搅拌器打成蓉。②将玉米蓉放入锅中，加适量水，大火煮沸后，转小火煮 5 分钟。③将蛋黄捣碎倒入锅中，转大火并不停地搅拌，直至煮沸即可。

功效：提高宝宝免疫力。

2. 红薯红枣蛋黄泥

原料：红薯 20 克，红枣 4 颗，鸡蛋 1 个。

做法：①鸡蛋洗净，放入锅中，加适量水，中火煮 10 分钟。②将红薯去皮，切块；红枣去皮、去核，切成碎末。③将红薯块、红枣末分别放入碗中，隔水蒸熟。④将蒸熟后的红枣末和红薯块、1/8 个蛋黄混合，加适量温开水捣成泥状，晾温即可。

功效：补血，提高身体免疫力。

3. 蛋黄泥

原料：鸡蛋 1 个。

做法：①鸡蛋洗净，放入锅中，加适量水，中火煮 10 分钟。②取 1/8 个蛋黄，用勺子压成泥，或用研磨碗研成泥状，加温开水搅拌均匀，晾温即可。

功效：补铁，身体更强壮。

4. 香蕉蛋黄糊

原料：香蕉、胡萝卜各 1/2 根，鸡蛋 1 个。

做法：①鸡蛋放入锅中，中火煮 10 分钟，取 1/8 个蛋黄，备用；香蕉去皮，切块；胡萝卜去皮洗净切块，煮熟。②将以上材料分别压成泥，加适量温开水，调成糊状，放在锅中煮 2 分钟即可。

功效：帮助排便，预防便秘。

5. 西蓝花蛋黄粥

卵磷脂
维生素 C

功效：蛋黄中的卵磷脂对宝宝的大脑和神经系统发育大有裨益，西蓝花富含维生素 C，可提高宝宝的身体免疫力，预防感冒。两者搭配煮粥，更养胃，更利于宝宝消化和吸收。

原料：西蓝花 30 克，蛋黄 1 个，大米 20 克。

做法：

1 西蓝花洗净焯水后切碎；鸡蛋洗净煮熟后取出 1/4 个蛋黄。

2 大米浸泡 30 分钟后放入锅内煮 20 分钟。

3 把西蓝花碎和蛋黄泥放入粥中，搅拌均匀后煮熟，晾温后喂给宝宝即可。

百变花样，宝宝更爱吃

♥ **蛋黄碎牛肉粥**

牛肉、蛋黄、大米，

肉、蛋、碳水化物通通都有，

营养丰富、均衡，

宝宝更爱吃！

♥ **蛋黄土豆泥**

土豆泥是很多宝宝钟爱的，

软糯又有点甜甜的味道，

搭配上蛋黄，简直太美味了，

多种组合让蛋黄不单调！

☆ Tips：

选择新鲜的鸡蛋给宝宝吃，如果鸡蛋已经放置很久了，就不要给宝宝吃了。

9~10个月：宝宝爱吃的营养餐

现在宝宝还不能很好地消化牛奶，因此辅食中添加的还应是配方奶。

小米蛋奶粥

也可以将鱼泥换成鱼块，但要剔净鱼刺。

鱼肉蛋黄羹

1. 鸡蛋胡萝卜磨牙棒

原料：面粉 50 克，胡萝卜 1/2 根，蛋黄液适量。

做法：①胡萝卜去皮洗净，蒸熟压成泥。②蛋黄液、面粉、胡萝卜泥、水混合揉成面团。③面团擀成 0.5 厘米厚的长方形，切条，放入烤箱烤至微黄即可。

功效：锻炼咀嚼能力。

2. 小米蛋奶粥

原料：小米 30 克，鸡蛋黄 1 个，配方奶适量。

做法：①小米淘洗干净，用水浸泡 1 小时；鸡蛋黄打散，备用。②将小米加水煮开，加入配方奶继续煮，至米粒松软熟烂时，将鸡蛋液倒入粥中，搅拌均匀，煮熟即可。

功效：补充蛋白质和碳水化合物。

3. 蛋黄粥

原料：大米 25 克，熟蛋黄 1/2 个。

做法：①大米淘洗干净，用水浸泡 30 分钟；熟蛋黄压碎备用。②将大米放入锅中，加适量水，大火煮沸后换小火煮 20 分钟。③在煮好的大米粥中加入压碎的熟蛋黄拌匀。

功效：促进发育，强壮身体。

4. 鱼肉蛋黄羹

原料：鲈鱼肉 30 克，熟蛋黄 1/2 个。

做法：①熟蛋黄压成泥，备用。②将鲈鱼肉剔除皮、刺，放入碗中，上锅蒸 15 分钟，用小勺压成泥状。③将鱼肉泥加适量温开水搅拌均匀，撒上熟蛋黄泥，再次搅拌均匀即可。

功效：促进智力发育。

5. 肉蛋羹

功效： 猪肉、鸡蛋都是人体摄取优质蛋白质的主要食物来源，肉蛋羹质软味美，营养丰富，可以促进宝宝发育，也有利于宝宝智力的发育。

原料： 猪里脊肉 50 克，鸡蛋 1 个。

加上肉泥，帮助宝宝锻炼咀嚼能力。

蛋白质

做法：

1 猪里脊肉洗净剁成泥。

2 鸡蛋取蛋黄，加入同鸡蛋黄一样多的凉开水，打散。

3 加入肉泥，朝一个方向搅匀，上锅蒸 15 分钟即可。

11~12个月：宝宝爱吃的营养餐

鹌鹑蛋排骨粥

可将薄饼切成小块，让宝宝自己拿着吃。

法式薄饼

1. 鹌鹑蛋排骨粥

原料： 大米、排骨各50克，熟鹌鹑蛋2个。

做法： ①排骨洗净斩段，汆水去血沫，煮熟后放凉，剔肉切碎；熟鹌鹑蛋去壳，切块。②大米加水煮粥，半熟时，放碎排骨肉及鹌鹑蛋块，煮熟即可。

功效： 强健筋骨。

2. 菠菜炒鸡蛋

原料： 菠菜100克，鸡蛋1个，葱花、盐各适量。

做法： ①菠菜洗净，焯熟，切段；鸡蛋打散。②油锅烧热，倒入蛋液炒碎盛出；余油烧热，爆香葱花，放入菠菜段、炒碎的鸡蛋翻炒熟软，出锅时放盐即可。

功效： 补充铁质。

3. 法式薄饼

原料： 面粉50克，鸡蛋1个，核桃粉、芝麻粉、葱末各适量。

做法： ①在面粉中加入打散的鸡蛋液、核桃粉、芝麻粉、葱末，用水调成面糊。②油锅烧热，倒入面糊，摊成薄饼，煎至两面金黄，盛盘即可。

功效： 增强脑功能。

4. 蛋黄菠菜粥

原料： 菠菜40克，熟鸡蛋黄1/4个，米饭1小碗。

做法： ①菠菜洗净，焯水后切碎。②将熟鸡蛋黄压成蛋黄泥。③米饭加水熬成稀饭，将菠菜碎与蛋黄泥拌入即可。

功效： 润肠通便。

5.三味蒸蛋

功效: 三味蒸蛋富含蛋白质、胡萝卜素、钙、磷等多种对人体有益的营养素，可以促进宝宝骨骼和牙齿生长，是宝宝补钙的理想食谱。

原料: 鸡蛋黄 1 个，豆腐 30 克，土豆、胡萝卜、西红柿各 1/2 个。

三味蒸蛋中的蔬菜可以根据季节进行更换，也可换成水果。

胡萝卜素
钙

做法:

1 豆腐、土豆蒸熟，压成泥；西红柿、胡萝卜洗净榨汁；蛋黄打散。

2 将处理好的所有原料倒入蛋液中搅匀。

3 将混合好的蛋液放入蒸锅隔水蒸 10~15 分钟即可。

1~2岁: 宝宝爱吃的营养餐

草莓蛋饼造型可爱，宝宝更有食欲。

草莓蛋饼

宝宝吃不下太大、太长的紫菜，妈妈应提前将紫菜切碎。

紫菜鸡蛋汤

1. 鸡蛋羹

原料: 鸡蛋黄 1 个，香油适量。

做法: ①将鸡蛋黄打入碗中，加适量温开水打匀。②冷水入锅，中火蒸 15 分钟。③取出蛋羹，滴少量香油调味即可。

功效: 促进生长发育。

2. 草莓蛋饼

原料: 草莓 5 个，鸡蛋黄 1 个，面粉适量。

做法: ①将鸡蛋黄打散，加水和面粉调成糊；草莓洗净，切粒。②油锅烧热，倒入面糊，摊成蛋饼。③将蛋饼切条，卷成卷，草莓粒放在蛋饼卷上即可。

功效: 去火、解暑，预防便秘。

3. 紫菜鸡蛋汤

原料: 紫菜 5 克，生蛋黄 1 个。

做法: ①紫菜洗净，撕碎；鸡蛋黄打散。②锅内加水煮沸后，下紫菜碎，煮 2 分钟，淋入鸡蛋液煮熟，晾温后喂宝宝即可。

功效: 增强记忆力。

4. 煎蛋饼

原料: 鸡蛋 1 个。

做法: ①鸡蛋打散。②油锅烧热，倒入蛋液，用小火慢慢地煎至两面金黄；关火后用刀切成小块，出锅即可。

功效: 鸡蛋富含蛋白质，增强宝宝的免疫力。

5. 鸡蛋布丁

功效：鸡蛋、配方奶可为宝宝提供大量的蛋白质、钙、卵磷脂等有益于宝宝发育的营养素，将它们做成可口爽滑的布丁，让宝宝更爱吃。

原料：鸡蛋 1 个，配方奶 80 毫升。

卵磷脂
钙

做法：

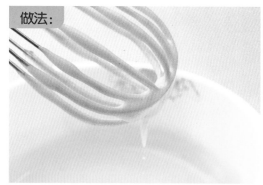

1 鸡蛋取出蛋黄，打成蛋黄液。

2 将配方奶缓缓倒入蛋黄液中，边倒边搅拌均匀。

3 将蛋黄配方奶液倒入模具中，放入蒸锅，约蒸 15 分钟，至蛋黄配方奶液熟透装盘即可。

为了方便将布丁取出，可提前在模具中涂抹些橄榄油。

百变花样，宝宝更爱吃

♥餐桌上的常客：西红柿炒鸡蛋

简单易做的西红柿炒鸡蛋，

美味又营养，开胃又下饭，

宝宝也会吃得很开心！

♥黄金厚蛋烧

把鸡蛋换成鹅蛋或者鸭蛋，

一样美味、营养，

不过吃了鹅蛋就不要同时吃鸡蛋

或者鸭蛋了，否则营养易超标。

☆ Tips:

如果嫌西红柿味道太淡，可以加入一些番茄酱。

6. 西红柿厚蛋烧

卵磷脂
维生素 C

功效： 西红柿含有丰富的维生素、矿物质、碳水化合物、有机酸，酸酸甜甜的味道让宝宝胃口格外好。鸡蛋弥补了西红柿蛋白质少的不足，丰富的蛋白质、卵磷脂为宝宝的身体发育提供了营养和能量。

原料： 鸡蛋 2 个，西红柿 1 个，盐适量。

做法：

1 西红柿洗净，去皮，切碎；鸡蛋打散，加少许盐打成鸡蛋液备用。

2 将西红柿碎与鸡蛋液混合，搅拌均匀

3 油锅烧热，将鸡蛋液均匀地铺一层在锅底，固定后卷起，再倒入一层蛋液，凝固后继续卷起，重复上述步骤至蛋饼卷好即可。

☆**营养师有话说**
有些宝宝只爱吃鸡蛋，不爱吃西红柿，这款西红柿厚蛋烧就解决啦！不过也要注意鸡蛋和西红柿的比例，西红柿不宜放得太多，否则蛋饼容易碎。

厚蛋烧中可以任意添加宝宝喜欢的蔬菜。

2 岁后：宝宝爱吃的营养餐

泡芙中也可加入水果碎，宝宝会更爱吃。

泡芙

苦瓜煎鸡蛋

1. 奶酪蛋汤

原料：奶酪 20 克，鸡蛋 1 个，西芹 30 克，胡萝卜 50 克，高汤、面粉、盐各适量。

做法：①西芹、胡萝卜切末，备用。②奶酪融化后与鸡蛋打散，加些面粉，再搅拌均匀。③高汤烧开，加盐调味，淋入蛋液后，放入西芹末、胡萝卜末煮熟即可。

功效：让宝宝骨骼更强壮。

2. 泡芙

原料：黄油 20 克，牛奶 25 克，低筋面粉 35 克，白糖、鸡蛋液、打发奶油各适量。

做法：①牛奶、白糖、黄油放锅里加热，加入筛好的低筋面粉拌成糊，晾凉后加鸡蛋液拌匀。②将蛋糊装裱花袋，在烤盘中挤出圆形，入烤箱烤熟，从底部打入打发奶油即可。

功效：促进宝宝食欲。

3. 苦瓜煎蛋饼

原料：苦瓜半根，鸡蛋 1 个，面粉、盐、香菜叶各适量。

做法：①将苦瓜去子，洗净切碎；鸡蛋加盐打散，加苦瓜碎和面粉拌匀。②油锅烧热，倒入苦瓜面糊呈饼状，煎至两面金黄；出锅晾凉切块，放香菜叶点缀即可。

功效：缓解腹胀、腹泻。

4. 红薯蛋挞

原料：红薯 1 个，鸡蛋黄 2 个，淡奶油 20 克，蛋挞皮、白糖各适量。

做法：①红薯去皮，蒸熟压泥，加白糖、鸡蛋黄、淡奶油搅拌均匀。②调好的红薯糊倒入蛋挞皮里，放烤箱中烤 15 分钟即可。

功效：补充体力。

5. 蛋黄香菇粥

功效： 香菇营养丰富，味道鲜美，被视为"菇中之王"，为"山珍"之一。香菇高蛋白质、低脂肪，还含有多糖、多种氨基酸和多种维生素等营养成分，对促进人体新陈代谢、提高身体抵抗力有很大作用。

原料： 大米 30 克，香菇 2 朵，鸡蛋黄 1 个。

维生素
氨基酸

做法：

虽然香菇软滑，但也不要让宝宝直接吞食，以免消化不良。

1 大米淘洗干净，浸泡 30 分钟。

2 香菇洗净，去蒂，切成丝；鸡蛋黄打散。

3 将大米和香菇丝放入锅中，加水煮至成粥，淋入鸡蛋液，搅拌均匀，稍煮出锅，晾温后喂宝宝即可。

6. 木耳炒鸡蛋

蛋白质
维生素

功效： 木耳炒鸡蛋营养价值颇丰，可改善宝宝营养不良，增进食欲。木耳含有大量的膳食纤维、蛋白质、胡萝卜素、维生素等营养物质，是宝宝健脑益智的好食材。

原料： 木耳 30 克，西红柿 1 个，蒜薹 2 根，鸡蛋 1 个，盐适量。

百变花样，宝宝更爱吃

💗肉末炒木耳

鸡蛋换成猪瘦肉末，

搭配帮助补铁的黑木耳，

一样可以防治宝宝缺铁性贫血。

💗鸡蛋胡萝卜饼

将蔬菜和鸡蛋混合，

摊成软嫩的鸡蛋饼，

让宝宝抓着吃，

营养美味的同时，

还能培养不挑食的饮食习惯。

☆ Tips:

木耳滋润，易滑肠，容易腹泻的宝宝应慎食。

做法：

1 西红柿洗净后用开水烫一下去皮，切块；木耳泡发，切碎；蒜薹洗净切段。

2 鸡蛋打入碗内，加少许盐搅匀，倒入油锅，翻炒成块盛出。

3 另起油锅，加入蒜薹段、木耳碎、西红柿块翻炒至熟，倒入鸡蛋块炒匀，加盐调味即可。

如果宝宝吃不了硬食，可延长蒜薹、木耳的炒制时间，让食材尽量软烂好嚼一些。

☆**营养师有话说**
如果不爱吃炒的木耳，那就可以凉拌吃，滑脆的口感能带给宝宝不同的味觉体验。不过要注意把木耳在开水中充分烫熟才能吃。

豆类＋坚果，营养均衡一个都不能少

豆类和坚果含有丰富的植物蛋白质、卵磷脂、亚油酸、维生素等多种营养成分，对宝宝的身体发育和智力开发有重要的作用。可以适量增加豆类和坚果的食用量。但豆类和坚果属于易过敏食物，而且不利于消化，所以不建议过早给宝宝添加。

适当给宝宝吃些粗粮

粗粮的营养价值很高，但是父母却认为宝宝只能吃细粮。其实粗粮比细粮含有更多的赖氨酸和蛋氨酸，这两种氨基酸人体不能合成，而且也是宝宝生长发育所需要的。因此，可以在宝宝七八个月的时候，适当添加些粗粮。宝宝经常吃粗膳食纤维的食物，可以促进咀嚼肌的发育，有利于牙齿和下颌的发育，具有预防龋齿的作用。还能促进肠胃蠕动，增强胃肠消化功能，防止便秘。主食可以粗细混搭，或粗粮细做，更容易被宝宝接受。

大豆及其制品营养丰富

大豆的蛋白质含量为 35%~40%，与畜禽肉、鸡蛋等食物相比，蛋白质含量相对较高，具有较高的营养价值，属于优质蛋白。其赖氨酸含量较高，但蛋氨酸含量较少，与谷类食物混合食用，可较好地发挥蛋白质的互补作用。大豆中还含有丰富的钙、铁、维生素 B_1、维生素 B_2 和维生素 E。此外，大豆中的植物化学物质除了大豆异黄酮外还含有其他特殊的成分，如大豆皂苷、大豆甾醇和大豆卵磷脂等，这些都具有广泛的生物学作用和特殊的生理作用。

在此建议家长，婴幼儿时期的宝宝还应适量摄入豆腐、豆皮等较易吸收的豆制品，少吃整豆制作的零食。豆制品最好能和其他蛋白类食物一起吃，如肉类、粮食等，才能全面补充蛋白质。

食用豆制品要适量

豆制品是婴幼儿理想的辅食之一，6 个月以后可以尝试添加煮熟的豆腐，1~2 岁的宝宝平均每天进食 25~50 克的豆腐，既可以获得优质蛋白质，还可以获得较多的钙。但是，食用豆制品并不是越多越好。任何事物，包括食物，都有一个度，适量有益健康，过量则影响健康。可用动物蛋白代替部分大豆蛋白，保证幼儿生长发育的营养需求。

每天给宝宝添加 5~10 克粗粮，能促进咀嚼肌发育，预防便秘。

豆制品不会致宝宝性早熟

吃豆制品会引发性早熟的说法并不准确，而且适量食用豆制品对宝宝的发育有利。

大豆中含有植物异黄酮，这是一种植物雌激素，豆制品正是因为含有这种成分而被怀疑可能会导致性早熟。

植物异黄酮只是起到类似于雌激素的作用，与真正的雌激素是有差别的，因此单纯吃豆制品造成性早熟不太可能。

事实上，豆制品富含的优质蛋白对宝宝的生长发育是有益的。豆制品含有丰富的铁、钙、磷、镁等多种人体必需的微量营养素，除增加营养、帮助消化、增进食欲外，还对儿童牙齿、骨骼生长发育有益。

坚果虽好，可不要贪吃哦

家长会经常给宝宝食用一些坚果，如核桃、杏仁、松子、花生、榛子、栗子、腰果、葵花子、西瓜子和南瓜子等。这些坚果营养丰富，除富含蛋白质和脂肪外，还含有大量的维生素 E、叶酸、镁、钾、锌和不饱和脂肪酸及较多的膳食纤维，对健康有益。每周吃少量的坚果可有助于宝宝健康发育。但坚果虽为营养佳品，却因其所含油脂、能量较高，不可过量食用，以免导致宝宝肥胖。而肥胖宝宝更要少吃。

每天吃一小把坚果有益于宝宝大脑发育。

坚果可提高宝宝的视力和咀嚼能力

美味的坚果不但广受家长们欢迎，也普遍受到了宝宝的欢迎，也因为其丰富的营养和出名的补脑效果，许多妈妈都将坚果作为零食解馋。就像我们常说的，让宝宝吃下去的是坚果，长出来的是机灵。多吃坚果，对宝宝的大脑成长非常有利。坚果中含有 20% 的优质蛋白，同时还富含维生素 B_1、维生素 B_2、维生素 E 及钙、磷、铁、锌等成分。不过坚果也不是吃得越多越好，吃太多会摄入较多的能量，尤其是 1~3 岁的宝宝。

坚果好处多多，除了有助于宝宝的智力发育，咀嚼坚果的过程也能让宝宝受益。

每天可以给 3 岁以上的宝宝安排 10~15 克坚果仁或研磨粉。目前有市售小包装的各类坚果和水果干，也是不错的选择，有利于控制量，吃起来也方便。因此，保持经常摄入适量坚果，家长在制作辅食时，也应注意变换花样，这样才有利于宝宝的健康。

6~8个月：宝宝爱吃的营养餐

在豆浆中加入坚果，能够给宝宝补充不饱和脂肪酸，更有益于大脑发育。

核桃燕麦豆浆

配方奶绿豆沙

1. 核桃燕麦豆浆

原料：黄豆 30 克，核桃仁、燕麦各 15 克。

做法：①黄豆洗净，浸泡过夜；燕麦洗净，浸泡 2 小时；核桃仁洗净，碾碎。②将所有原料倒入豆浆机中加水制作豆浆，完成后过滤即可。

功效：促进脑细胞发育。

2. 配方奶绿豆沙

原料：绿豆 50 克，配方奶 100 毫升。

做法：①绿豆浸泡 1 小时，放入锅中加水煮熟。②将煮熟的绿豆放到榨汁机中，加入配方奶搅打均匀即可。

功效：有利于肝脏健康。

3. 栗子粥

原料：栗子 3 个，大米 50 克。

做法：①将栗子洗净，煮熟后去壳、去内皮，切碎；大米淘洗干净，用水浸泡 30 分钟。②锅中放入适量水，将大米倒入，烧开后转小火煮成粥，再放入切碎的栗子稍煮即可。

功效：缓解腹胀、腹泻。

4. 栗子瘦肉粥

原料：大米 50 克，栗子 3 个，熟猪肉末 30 克。

做法：①栗子洗净，煮熟后去壳、去内皮，捣碎；大米淘洗干净，浸泡 30 分钟。②锅中加适量水，煮沸后加栗子碎、大米、熟猪肉末同煮，煮至粥熟即可。

功效：补中益气、健脾养胃。

5. 黑芝麻核桃糊

功效： 黑芝麻核桃糊含有大量的蛋白质、胡萝卜素、维生素 E、卵磷脂、钙、铁、镁等营养成分，为宝宝的成长发育提供了均衡的营养。

原料： 黑芝麻 30 克，核桃仁 30 克。

胡萝卜素
卵磷脂

做法：

1 黑芝麻洗净、去杂质，入锅，微火炒至出香味，趁热装入碗中，研成细末。

2 同样将核桃仁炒香后研成细末，与黑芝麻细末充分混合。

3 用沸水冲调成黏稠状，晾温后喂给宝宝吃即可。

如果没条件，也可买市售的黑芝麻糊，但一定要选适合宝宝的。

脂肪
蛋白质

6. 芝麻米糊

功效：白芝麻中含有丰富的钙、脂肪、蛋白质、维生素；大米中的碳水化合物含量很高。这道芝麻米糊清香四溢，可勾起宝宝的食欲，为宝宝补充钙质，促进骨骼发育。同时还有润肠通便的作用。

原料：大米 50 克，白芝麻 30 克。

"黑皮肤"的芝麻米糊

用黑芝麻代替白芝麻也可以，黑芝麻有乌发润发的作用，让宝宝从小拥有一头乌黑亮丽的秀发！

美白肌肤的杏仁米糊

妈妈都希望宝宝有白皙的皮肤，试试这款香甜的杏仁米糊吧，帮助促进皮肤微循环，让宝宝脸色红润光滑。

☆ Tips：

炒制大米和白芝麻时要用小火，且要不停地翻炒，才能不煳。

做法：

1 将大米放入平底锅中，小火烘炒 5 分钟，并不停翻炒，随后放入白芝麻同炒至熟。

2 炒熟的大米和白芝麻放入搅拌机搅打芝麻米粉，再用筛网过滤，去除未打的大颗粒。

3 将适量芝麻米粉放入锅中，加入清水，大火烧沸后转小火慢慢熬煮 20 分钟，制成芝麻米糊，晾温后喂宝宝即可。

白芝麻富含钙质，能促进宝
宝的骨骼、牙齿健康发育。

9~10个月：宝宝爱吃的营养餐

白芸豆绵软易煮烂，妈妈可以去皮后，直接给宝宝吃。

白芸豆粥

1. 白芸豆粥

原料： 大米 50 克，白芸豆 20 克。

做法： ①将大米、白芸豆均洗净，加水浸泡 1 小时。②大米、白芸豆加水同煮，一直煮至白芸豆裂口即可。

功效： 健脾胃、消胃热。

2. 香菇烧豆腐

原料： 豆腐 50 克，香菇 3 朵，竹笋片 20 克。

做法： ①香菇泡发洗净切片；豆腐洗净，切块，和竹笋片分别焯烫备用。②油锅烧热，依次放香菇片、竹笋片翻炒，再放豆腐块，加水煮熟即可。

功效： 补充钙质。

3. 黑豆紫米粥

原料： 黑豆、紫米、大米各 20 克。

做法： ①黑豆、紫米、大米分别洗净，用水浸泡 1 小时。②将黑豆、紫米、大米倒入锅中，加水大火煮开后，改小火煮至豆烂米熟即可。

功效： 乌发健发。

4. 奶香芝麻羹

原料： 配方奶 100 毫升，黑、白芝麻各 30 克。

做法： ①黑、白芝麻洗净，晾干，然后用小火炒熟，研成细末。②配方奶加热至沸腾，放入黑、白芝麻末，调匀，晾温后即可。

功效： 养血、润肠。

黑豆紫米粥

5.炒红薯泥

功效：红薯中富含多种维生素，核桃仁、花生、葵花子中DHA含量较高，搭配食用有利于宝宝大脑的快速发育。

原料：红薯1个，葵花子5克，熟花生仁5个，熟核桃仁2个，玫瑰汁、蜜枣丁、红糖水各适量。

维生素
DHA

红薯不易消化，容易胀气，所以一次不要给宝宝吃太多。

做法：

1 红薯去皮后洗净切块，上锅蒸熟，碾成泥；熟核桃仁、熟花生仁碾碎。

2 油锅烧热，放入红薯泥翻炒均匀，倒入红糖水继续翻炒。

3 再将玫瑰汁、花生仁碎、核桃仁碎、葵花子、蜜枣丁放入，炒匀即可。

11~12个月：宝宝爱吃的营养餐

五彩食材让宝宝更有食欲。

西施豆腐

圆圆的豆腐球让宝宝觉得更好玩，更爱吃。

鸡蓉豆腐球

1. 西施豆腐

原料：虾仁2只，豆腐丁、香菇丁各20克，豌豆、竹笋丁、葱末各适量。

做法：①虾仁去虾线，洗净，切丁；竹笋丁、香菇丁分别焯水。②锅中加水煮沸，放豆腐丁、香菇丁、虾仁丁、竹笋丁、豌豆煮熟，撒上葱末即可。

功效：促进骨骼发育。

2. 鸡蓉豆腐球

原料：鸡腿肉30克，豆腐50克，胡萝卜末适量。

做法：①鸡腿肉、豆腐分别洗净剁泥，与胡萝卜末搅拌均匀。②将混合泥捏成小球，放沸水锅中蒸20分钟，食用时可以分成方便宝宝进食的大小。

功效：增进食欲。

3. 百宝豆腐羹

原料：豆腐30克，鲜香菇2朵，虾仁3只，菠菜1棵，鸡汤适量。

做法：①虾仁去虾线，洗净，剁成泥；鲜香菇洗净，切丁；菠菜洗净焯水，切末；豆腐压成泥。②鸡汤入锅，煮沸后放入所有原料煮熟即可。

功效：预防营养不良。

4. 五色紫菜汤

原料：豆腐50克，竹笋10克，菠菜1棵，鲜香菇2朵，紫菜末适量。

做法：①豆腐洗净，切块。②鲜香菇、竹笋分别洗净，焯水，切丝；菠菜洗净，焯水，切碎。③另取一锅加水煮沸，下所有原料，煮熟即可。

功效：提高免疫力。

5. 葵花子芝麻球

功效： 葵花子芝麻球含有丰富的不饱和脂肪酸和维生素E，有利于提高宝宝记忆力，促进大脑的发育，提高免疫力。

原料： 熟葵花子、低筋面粉各100克，配方奶30毫升，鸡蛋液、白芝麻、白糖各适量。

维生素E

做法：

1 将熟葵花子用擀面杖碾成末；白糖用水化开；鸡蛋打散备用。

2 将部分蛋液加入到低筋面粉中，加糖水、配方奶、葵花子末，搅拌均匀，制成面团。

3 用手将面团揉成小圆球，刷上一层蛋液，裹上白芝麻，放入烤箱，用160℃上下火烤制15分钟即可。

裹白芝麻时用手轻轻按压，以防吃时，芝麻球表面的芝麻掉落。

1~2岁：宝宝爱吃的营养餐

红豆饭

色彩鲜艳的小丸子，
让宝宝胃口更好。

双色豆腐球

1. 红豆饭

原料： 大米 30 克，红豆 20 克，熟黑、白芝麻各适量。

做法： ①将红豆洗净，浸泡 3 小时。②红豆捞出，放入锅中，加水煮熟；将大米洗净与熟红豆放入电饭锅，加水煮成饭，盛出，撒上熟黑、白芝麻即可。

功效： 润肠通便。

2. 薏米花豆粥

原料： 薏米 50 克，花豆 20 克。

做法： ①将薏米、花豆分别洗净，加水浸泡 1 小时。②薏米、花豆加水同煮，一直煮至豆烂米熟即可。

功效： 健脾去湿。

3. 双色豆腐丸

原料： 豆腐 100 克，胡萝卜半根，菠菜 30 克，面粉、淀粉、青椒丝、红椒丝、盐各适量。

做法： ①胡萝卜洗净擦丝；菠菜洗净剁碎；豆腐用手抓碎分两份放碗里，分别加入适量面粉和淀粉。②一个碗里加入胡萝卜丝，一个碗内加入菠菜碎，加水拌匀，分别团成小丸子，焯熟盛出。③油锅烧热，加水、淀粉、盐搅匀，做成汁，浇在丸子上，撒上青椒丝和红椒丝即可。

功效： 补充蛋白质，促进食欲。

4. 豌豆烩虾仁

原料： 豌豆、虾仁各 50 克，鸡汤、盐各适量。

做法： ①豌豆洗净；虾仁去虾线后洗净。②油锅烧热，加虾仁煸炒片刻，加入豌豆煸炒 2 分钟左右，倒入鸡汤，待汤汁浓稠时，加盐调味即可。

功效： 促进智力发育。

5.坚果西蓝花沙拉

功效：坚果西蓝花沙拉是一道富含膳食纤维、DHA、多种维生素的营养沙拉，也是造型别致，能够引起宝宝食欲的漂亮辅食。

原料：西蓝花 100 克，腰果、核桃仁、杏仁各 5 克，红椒丝、酸奶各适量。

膳食纤维
DHA

烘焙过的坚果更受宝宝喜爱，但油脂含量较高，别一下给宝宝吃太多。

做法：

1 西蓝花洗净，去硬皮，掰成小朵，放入沸水中焯熟。

2 腰果、核桃、杏仁一同放入锅中焙香，用擀面杖碾碎；酸奶加温水稀释，备用。

3 将西蓝花和坚果碎装盘，淋上酸奶，放入红椒丝即可。

2岁后：宝宝爱吃的营养餐

4

1

2

3

3. 清炒蚕豆

原料： 蚕豆 150 克，葱花、红椒丁、盐各适量。

做法： ①蚕豆洗净，去掉外皮。②油锅烧热，放入葱花炒香，再将蚕豆倒入翻炒，加少许水焖煮。③蚕豆绵软时即表示蚕豆已熟，加入红椒丁稍煮，出锅前加盐调味即可。

功效： 补充牛磺酸，增强记忆力。

2. 虾皮豆腐

原料： 豆腐 100 克，虾皮 15 克，葱末、酱油、水淀粉、盐各适量。

做法： ①豆腐洗净切片；虾皮洗净，沥干水，剁细末。②葱末和虾皮末入油锅炒香，倒入豆腐片，加酱油、盐及水，翻匀烧沸，待豆腐片熟透后，加水淀粉收汁即可。

功效： 促进宝宝骨骼发育。

1. 樱桃豆泥沙拉

原料： 樱桃30克，鹰嘴豆、红豆各5克，酸奶适量。

做法： ①樱桃洗净，去梗、去核，对切。②鹰嘴豆、红豆分别提前用清水浸泡好，淘洗干净后放入锅中，加水大火煮开后改小火，煮10分钟关火。③将豆子捞出，放入小碗中，用勺子碾成豆泥，然后淋入酸奶，点缀樱桃即可。

功效： 清热，助消化。

4. 松仁海带

原料： 松子仁 20 克，海带 50 克，高汤、盐各适量。

做法： ①松子仁洗净；海带洗净，切成细丝。②锅内放入高汤、松子仁、海带丝，用小火煨熟，加盐调味即可。

功效： 促进脑细胞发育，补脑健脑。

妈妈锦囊

烹制前应浸泡海带半小时。

5. 鲜蘑核桃仁

原料： 平菇 100 克，核桃仁 20 克，鸡汤、水淀粉、白糖、香油、盐各适量。

做法： ①平菇洗净撕成丝。②锅中加入鸡汤、平菇、盐、白糖，大火烧开，再加入核桃仁，煮沸后，用水淀粉勾芡，淋上香油即可出锅。

功效： 补充维生素 D、不饱和脂肪酸。

6. 五彩玉米

原料： 玉米粒 50 克，黄瓜丁 50 克，松子仁 10 克，胡萝卜丁、盐各适量。

做法： ①油锅烧热，放入胡萝卜丁、玉米粒、松子仁、黄瓜丁。②将食材翻炒均匀，加盐调味即可。

功效： 补充膳食纤维，保证肠道通畅。

7. 核桃粥

原料： 核桃仁 2 个，花生仁 14 粒，大米 50 克。

做法： ①核桃仁放入温水中，浸泡30 分钟；花生仁洗净，用温水浸泡30 分钟。②大米淘洗干净，用冷水浸泡 30 分钟后下锅，大火烧开后转小火；放入核桃仁、花生仁熬至软烂即可。

功效： 促进大脑发育，宝宝更聪明。

妈妈锦囊

大颗的核桃仁、花生仁可以捣碎后再放入锅中煮。

8. 银耳花生仁汤

原料： 银耳 1 朵，花生仁 6 颗，红枣2 颗。

做法： ①将银耳用温水泡开后，洗净，撕小朵；红枣去核，蜜枣洗净。②锅中水煮开，放花生仁、银耳同煮，待煮烂时，放红枣同煮 5 分钟即可。

功效： 滋补脾胃，补充能量和营养。

9. 芝麻杏仁糊

原料： 黑芝麻、大米各 30 克，甜杏仁 20 克，当归 5 克，白糖适量。

做法： ①将黑芝麻、大米和甜杏仁浸泡后磨成糊状备用。②当归水煎取汁，调入芝麻杏仁糊中，加白糖煮熟服用即可。

功效： 有利于钙质吸收。

钙
蛋白质

10. 豆皮炒肉丝

功效： 豆皮炒肉丝含有丰富的蛋白质，不仅含有人体必需的 8 种氨基酸，而且其比例也接近人体需要，营养价值高。其含有的多种矿物质、钙质可以促进宝宝骨骼发育，预防小儿佝偻病。

原料： 豆皮 80 克，猪瘦肉 50 克，青椒 20 克，葱花、姜末、生抽、淀粉各适量。

做法：

1 猪瘦肉洗净切丝，加葱花、姜末、生抽和淀粉抓匀，腌制片刻；豆皮、青椒分别洗净，切丝。

2 油锅烧热，放入猪瘦肉丝翻炒，变色盛出备用。

3 再起油锅烧热，煸香葱花，放入青椒丝和豆皮丝翻炒片刻，再放入猪瘦肉丝，加适量盐继续翻炒至熟即可。

百变花样，宝宝更爱吃

♥ 漂亮的蔬菜豆皮卷

紫甘蓝、绿豆芽、胡萝卜

统统卷进豆皮里，

看着就让宝宝流口水，

真是补充维生素和蛋白质的佳肴！

♥ 豆皮可换成豆干

营养不减分，饭菜天天不重样。

♥ 清淡可口的豆皮汤

鲜香的香菇和豆皮煮汤，

是宝宝饭前的开胃汤品。

☆ Tips:
猪肉顺着纹理切丝后进行腌制，这样口感更加嫩滑。

11. 香煎豆渣饼

蛋白质
膳食纤维

功效： 香煎豆渣饼具有高蛋白、低糖、低脂的特点，有助于增强机体的免疫功能，提高防病、抗病能力。此饼还富含膳食纤维，能有效促进胃肠蠕动，防治宝宝便秘。

原料： 油菜2棵，面粉、豆渣各100克。

做法：

1 油菜洗净，用沸水焯烫后沥干水，切碎备用。

2 将油菜碎、豆渣、面粉倒入一个大碗里，加适量水搅拌成面糊。

3 油锅烧热，手上沾少许水，将面糊团成一个个小圆饼，放入油锅中，煎至两面金黄即可。

百变花样，
宝宝更爱吃

💗 **好吃的豆渣丸子**

豆渣中加入蔬菜、面粉，
加水捏成小丸子炸熟或蒸熟，
宝宝拿在手上吃得可开心了！

💗 **紫甘蓝豆渣饼**

紫甘蓝促进宝宝骨骼发育，
还有助于预防皮肤过敏，
让宝宝更有活力。
考虑到紫甘蓝膳食纤维较多，
可适当减少豆渣量，
以免宝宝消化不良。

☆ **Tips:**
当天制作豆浆剩下的豆渣要当天做成饼，不要放置太久。

面食 + 米饭，主食玩儿花样，十个宝宝九个爱

在妈妈的眼里，米饭、面条等主食都是为了填饱肚子，并没有太多营养。所以在喂养宝宝的时候，情愿喂食各种水果、蔬菜，而不愿让宝宝多吃主食，殊不知这种行为会让宝宝无法摄取足够的碳水化合物，这就会导致其体内缺乏葡萄糖。而葡萄糖缺少，就会导致宝宝大脑思维活动严重变缓。所以妈妈不仅要给宝宝做主食，而且还要变着花样来，让宝宝爱上主食。

主食并非吃得越少越好

米饭和面食中含碳水化合物较多，摄入后可变成葡萄糖进入血液循环并生成能量。碳水化合物是人体不可缺少的营养物质，在体内释放能量较快，是红细胞唯一可利用的能量，也是神经系统、心脏和肌肉活动的主要能源，对构成机体组织、维持神经系统的正常功能、增强耐力、提高工作效率都有重要意义。

无论是碳水化合物还是蛋白质和脂肪，摄入过多都会变成脂肪在体内储存。食物碳水化合物的能量在体内更易被利用，食物脂肪更易转变为脂肪储存。因此，为了控制宝宝体重增长和预防疾病，给宝宝添加的米、面摄入量少，甚至不给宝宝吃主食，这是不正确的。

大米、面粉不是越白越好

稻米和小麦研磨程度高所产生的大米和面粉比研磨程度低的要白一些，吃起来口感要好一些。但从营养学角度讲，大米、面粉并不是越白越好。如果加工过细，成为常说的精米精面，就损失了大量营养素，特别是 B 族维生素和矿物质。当食物种类相对比较少时，更应避免将加工过精的大米、白面作为宝宝辅食中的唯一主食，以免造成维生素和矿物质缺乏。

在米、面类辅食中加入肉、蔬菜，宝宝摄入营养更均衡。

宝宝面条和普通面条有什么区别

给宝宝吃什么样的面条比较好？是市售的宝宝面条还是普通面条？它们到底有什么区别？哪一种更适合宝宝呢？顾名思义，宝宝面条是专门为婴幼儿制作的面条，它和普通面条有以下几点不同。

♥ 不含盐或含盐量较低。普通的面条中都含有一定量的盐，而宝宝面条一般不含盐或含盐量较低，有利于宝宝的成长发育。

♥ 营养丰富，口味多变。宝宝面条针对宝宝的发育情况添加了很多营养素，并考虑到宝宝口味的需求，有多种口味可以选择。

♥ 容易煮熟。宝宝面条比较细，而且容易煮熟，一般只需要煮 3 分钟就可以了，十分简便。

在家怎么给宝宝做面条

普通面条大多含有盐，而且有些还添加了防腐剂，不适合宝宝食用。因此，除了购买市售的宝宝面条，自己在家做面条也能让家长放心一些。

给宝宝做面条可以按照手擀面的做法，但要注意：水要多，面团要软，擀出来的面皮要薄，切出来的面条要细，煮面条的时间要长一些。和面的时候还可以加个蛋黄或者蔬菜汁，如菠菜汁、胡萝卜汁等，让面条变成彩色的，宝宝更喜欢吃。

什么样的米饭才算是软米饭

随着门牙颗数的增加，9 个月左右的宝宝可以尝尝软米饭了。不过，什么样的米饭才算是软米饭，家长还不太确定。相较于大人吃的米饭而言，宝宝刚开始吃的米饭就是软米饭。

一般来说，软米饭的米、水比例在 1∶2.5 和 1∶3 之间，比普通米饭的水分比例高一些，硬度介于稠粥和米饭之间。

让软米饭更好吃，有几个小窍门。一是在煮饭的时候滴几滴米醋，等软米饭做好了，香味很浓郁，而醋味会自然消失，还不容易变质。二是用开水煮饭，这样可以减少维生素 B_1 的流失，饭香浓郁，营养价值也很高。三是软米饭快煮熟时，加些碎菜、碎肉煮一煮，这样，米饭的香味混合着蔬菜、肉的香味，十分开胃。

比稠粥干，比普通米饭软的软米饭更适合宝宝。

6~8个月：宝宝爱吃的营养餐

南瓜饭富含胡萝卜素，有助于保护宝宝的眼睛。

南瓜软饭

1. 南瓜软饭

原料：大米 50 克，南瓜 30 克。

做法：①大米洗净，放入锅中，倒入水，中火熬煮 30 分钟。②南瓜去皮，切小丁，放入锅中，煮至软烂即可。

功效：提供胡萝卜素。

2. 油麦菜面

原料：宝宝面条 30 克，油麦菜 20 克。

做法：①油麦菜择洗干净，焯熟，晾凉后切碎。②将宝宝面条掰短，入沸水中煮熟软。③将宝宝面条盛入碗中，加入油麦菜碎拌匀即可。

功效：预防便秘。

3. 油菜肉末煨面

原料：宝宝面条 50 克，猪瘦肉末 30 克，油菜 20 克，鲜香菇 2 朵。

做法：①油菜洗净切成小段；鲜香菇洗净切丝。②锅中加适量水煮沸，加猪瘦肉末、香菇丝、油菜段煮熟后，下入宝宝面条煮熟即可。

功效：营养均衡，促进消化吸收。

4. 五彩肉蔬饭

原料：大米 50 克，鸡胸肉丁、胡萝卜丁、香菇丁、青豆各 20 克。

做法：①大米、青豆洗净。②将大米、青豆、鸡胸肉丁、胡萝卜丁、香菇丁放入电饭煲内，加水蒸熟即可。

功效：补充碳水化合物。

米饭混合了蔬菜和肉的香气，宝宝会更爱吃。

五彩肉蔬饭

5. 南瓜饼

功效：南瓜营养丰富，其中富含的胡萝卜素，可以在人体内转化为维生素 A，有利于宝宝骨骼生长。

原料：糯米粉 200 克，南瓜 100 克，红豆沙 40 克。

胡萝卜素
碳水化合物

软糯的南瓜饼清香扑鼻，是宝宝早餐的好选择。

做法：

1 南瓜去皮，去子，洗净，蒸熟，用搅拌机搅打成泥，加糯米粉和成面团。

2 把面团分几小份，分别做成饼坯。

3 将红豆沙搓成小圆球，包入饼坯中，揉圆后压成饼状，上锅蒸 20 分钟，出锅装盘。

6. 西蓝花土豆饼

维生素
碳水化合物

功效: 土豆和面粉富含碳水化合物，可很好地为宝宝补充体力。西蓝花富含蛋白质，有助于宝宝脑细胞发育，配合其含有的丰富的维生素，可使西蓝花具有很强的健脑补脑的功效。

原料: 土豆、西蓝花各 20 克，面粉 40 克，配方奶 50 毫升。

百变花样，宝宝更爱吃

💜 **牛肉土豆饼**

加入牛肉的土豆饼营养更全面，体弱的宝宝适量多吃牛肉，可强身健体，提高身体免疫力。

💜 **土豆饼的另一种做法**

土豆蒸熟后捣成泥，与西兰花碎、面粉和成糊，在锅中煎熟，口感更软糯。把土豆饼做成别致的心形，宝宝会更有食欲哦。

☆ Tips:
土豆去皮，擦丝后泡到水里，这样能防止土豆变色。

做法:

1 土豆去皮，切丝；西蓝花放入沸水中焯烫 1 分钟，捞出切碎。

2 将土豆丝、西蓝花碎、面粉、配方奶在一起，搅拌均匀。

3 拌好的面粉糊倒入油锅中，将面糊均匀摊开，慢慢煎至一面熟透，然后翻至另一面，煎熟即可。

制作面糊时加一些配方奶，口味更香甜，更受宝宝欢迎。

☆**营养师有话说**
土豆的做法有很多，宝宝小的时候可以吃土豆泥，现在可以吃土豆饼。在土豆饼中可以加入多种蔬菜或肉末，都能让宝宝吸收到更全面的营养。

9~10 个月：宝宝爱吃的营养餐

3. 疙瘩汤

原料：面粉 30 克，鸡汤 1 碗，熟蛋黄 1/2 个。

做法：①将面粉中加入适量水，用筷子搅成细小的面疙瘩。②将鸡汤倒入锅中，烧开后放入面疙瘩煮熟；将熟蛋黄碾成泥放入其中搅匀即可。

功效：补充碳水化合物。

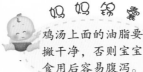

妈妈锦囊
鸡汤上面的油脂要撇干净，否则宝宝食用后容易腹泻。

2. 排骨汤面

原料：宝宝面条 30 克，排骨 50 克。

做法：①排骨洗净，汆水，去浮沫。②排骨放锅中，加适量水，大火烧开后，转小火炖 2 小时。③盛出排骨，放入宝宝面条煮熟，盛入碗中，放上几块排骨肉即可，排骨肉需要撕成小细丝喂给宝宝。

功效：补钙、改善贫血。

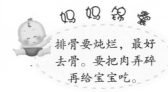

1. 香菇鸡汤面

原料：宝宝面条 30 克，鸡胸肉 20 克，鲜香菇 2 朵，油菜 2 棵，鸡汤适量。

做法：①鸡胸肉洗净切丝；油菜洗净；鲜香菇去蒂洗净，切花刀。②宝宝面条煮熟捞出备用；另起锅，加鸡汤煮沸，放鸡胸肉丝、油菜、香菇煮熟。③将煮好的鸡汤浇在面条上，将煮好的食材码放好即可。

功效：促进皮肤健康、红润。

妈妈锦囊
排骨要炖烂，最好去骨。要把肉弄碎再给宝宝吃。

4. 冬瓜肉末面

原料：宝宝面条 30 克，冬瓜 30 克，猪瘦肉末 15 克。

做法：①冬瓜去皮，切块，放入沸水中煮熟，备用。②将猪瘦肉末、冬瓜块及宝宝面条下入开水锅中，大火煮沸，转小火煮至冬瓜熟烂即可。

功效：清热解暑。

5

6

7

8

9

5. 豆腐软饭

原料: 大米 20 克,油菜 10 克,豆腐 25 克,排骨汤适量。

做法: ①大米淘洗干净,加水煮成稍软的饭;油菜择洗干净,焯熟,切末;豆腐切末。②将米饭放入锅中,加入适量排骨汤煮沸,再放入豆腐末煮至软烂。③将豆腐软饭摆成星星状,油菜末进行点缀即可。

功效: 补充多种营养素。

6. 油菜粥

原料: 大米 30 克,油菜 20 克,鸡汤适量。

做法: ①大米洗净,加水,蒸成稍软的饭;油菜择洗干净,切段。②将煮好的米饭放入锅内,加入适量鸡汤煮开,加入油菜段,煮至软烂即可。

功效: 补充维生素 C 和膳食纤维。

妈妈锦囊

不要用未成熟的西红柿,否则,会引起宝宝恶心、流口水。

7. 西红柿肉末面

原料: 宝宝面条 30 克,猪瘦肉末、西红柿丁、蛋黄液各适量。

做法: ①油锅烧热,放西红柿丁稍炒,再放猪瘦肉末,炒至变色,加水略煮,放入宝宝面条煮熟。②将蛋黄液卧在面中,煮至熟透即可。

功效: 促进消化,调整肠胃功能。

8. 牛肉面

原料: 宝宝面条 40 克,牛肉 30 克,香菜末、牛肉汤各适量。

做法: ①将宝宝面条煮熟,捞出备用。②牛肉洗净,切小颗粒。③将牛肉汤煮开,加牛肉粒煮熟,浇在煮熟的宝宝面条上,最后撒上香菜末即可。

功效: 增强体能。

9. 肉松饭团

原料: 米饭 1 碗,猪肉松 20 克,海苔 2 片。

做法: ①将猪肉松包入软米饭中,揉搓成饭团。②海苔搓碎,放在小碗中,然后放入饭团滚几下即可。

功效: 预防贫血。

10. 西蓝花牛肉通心粉

蛋白质
碳水化合物

功效： 通心粉富含碳水化合物、膳食纤维、蛋白质和钙、镁、铁、钾、磷、钠等矿物质，且易于消化吸收，有改善宝宝贫血、增强免疫力、平衡营养吸收等功效。

原料： 通心粉、西蓝花各 100 克，牛肉 70 克，柠檬半个，橄榄油适量。

做法：

1 西蓝花洗净，掰小朵；牛肉洗净切碎。

2 油锅烧热，放入牛肉碎，翻炒至深褐色

3 另起锅，加水烧开，放入通心粉，快煮熟时放入西蓝花朵，全部煮好后捞出沥干；将煮熟的通心粉和西蓝花朵盛入盘中，撒上牛肉碎，淋上橄榄油，挤上适量柠檬汁即可。

百变花样，
宝宝更爱吃

💗 **时蔬炒通心粉**

青椒、红椒、黄椒、香菇，
一起炒出好味道。

　💗 **鸡肉和香菇也很配通心粉**

香菇的鲜和鸡肉的香味，
渗入通心粉里，真好吃！

💗 **酸甜的西红柿通心粉**

对于不是很爱吃饭的宝宝，
西红柿可是开胃灵药哦，
酸酸的口感，
一下子就把食欲勾起来了！

☆ **Tips：**
如果宝宝咀嚼能力不够好，需要把通心粉多煮几分钟。

煮通心粉时加盐可以增加弹性，妈妈要根据宝宝的咀嚼情况决定是否加盐。

☆**营养师有话说**
通心粉富含钾，钾参与细胞内糖和蛋白质的代谢，对维持神经系统的健康很有帮助。

11~12个月：宝宝爱吃的营养餐

家里没有宝宝面条，可以用自己做的无盐面条代替。

西红柿烂面条

鸡蛋面片

1. 西红柿烂面条

原料：宝宝面条 30 克，西红柿半个。

做法：①西红柿洗净，去皮，切小块。②将宝宝面条掰碎，放入开水锅中，再次煮沸后，放入西红柿块，煮熟即可。

功效：助消化，调理肠胃。

2. 鸡蛋面片

原料：面粉 70 克，鸡蛋黄 1 个，青菜 20 克。

做法：①将面粉放在大碗内，鸡蛋黄打散倒入面粉中，加适量水，揉成面团。②将揉好的面团擀薄，切成小片；青菜择洗干净，切碎。③锅内加入适量的水，烧开后放面片；面片将熟时，放入切碎的青菜略煮即可。

功效：促进肠胃蠕动，防止便秘。

3. 鸡毛菜面

原料：宝宝面条 50 克，鸡毛菜 30 克。

做法：①鸡毛菜择洗干净后，放入热水锅中烫熟，捞出晾凉后，切碎并捣成泥。②将宝宝面条掰成短小的段，放入沸水中煮熟软。③起锅后加入适量鸡毛菜泥即可。

功效：补充维生素，增强体力。

4. 白菜烂面条

原料：宝宝面条 30 克，白菜叶 20 克。

做法：①白菜洗净后用热水烫一下，捞出晾凉，切碎。②将宝宝面条掰碎，放入锅中，煮沸后，放入白菜碎，煮熟后盛入碗中即可。

功效：维护肠道健康。

5. 肉松三明治

功效： 肉松三明治富含碳水化合物、脂肪、蛋白质和多种矿物质，胆固醇含量低，蛋白质含量高。肉松香味浓郁、味道鲜美、易于消化，搭配蔬菜、水果，营养更均衡，口感更丰富，能增强宝宝的食欲。

原料： 面包片 2 片，猪肉松 20 克，黄瓜半根。

碳水化合物
脂肪

做法：

1 黄瓜洗净，切薄片。

2 油锅烧热，放入面包片煎至两面金黄。

3 取一片面包片平铺，放上猪肉松、黄瓜片，再盖上一片面包片，三明治就做成了。

面包边煎后变硬，可切下来做磨牙零食。

6. 多彩饺子

蛋白质
维生素

功效： 胡萝卜、菠菜榨汁做成饺子皮，宝宝可以一次吃多种蔬菜。菠菜、胡萝卜中有大量维生素，加上猪肉的蛋白质，能给宝宝提供免疫力和充足营养。

原料： 胡萝卜 2 根，菠菜 1 把，猪肉末 100 克，香菇 5 朵，鸡蛋 1 个，面粉、白菜、盐、姜末、葱花、生抽各适量。

百变花样，宝宝更爱吃

♥ 五彩小饺子

南瓜汁、紫薯汁、芹菜汁，
都可以榨汁做成饺子皮，
宝宝吃得开心，又吃得营养。

♥ 饺子馅随心百变

不管是蔬菜还是肉类，
妈妈都可以变换着给宝宝吃。

♥ 偶尔做顿煎饺也不错

煎饺脆脆的口感，
会更讨宝宝欢心，
不过不宜总是吃油煎的饺子。

☆ Tips:

给宝宝做的饺子，尽量将饺子皮擀
薄一些。

做法：

1 香菇泡发，切丁；白菜洗净，沥干水后，切碎；胡萝卜洗净，切成块；菠菜洗净，沥干。

2 将胡萝卜、菠菜分别榨汁，面粉分成2份，分别与胡萝卜汁、菠菜汁揉成面

3 将猪肉末放入大碗中，打入鸡蛋顺时针方向搅拌上劲，放入香菇丁、白菜碎、盐、葱花、姜末、生抽，搅匀成肉馅。

☆营养师有话说

变换着花样吃主食，宝宝的食欲会更好。饺子中有肉和蔬菜，营养搭配更全面。妈妈还可以尝试用带麸皮的全麦面粉，可以增加B族维生素的含量，还可以预防宝宝便秘。

分别将胡萝卜汁面团、菠菜汁面团分成小剂，擀成面皮，包入馅，煮熟装盘即可。

1~2岁：宝宝爱吃的营养餐

鲜汤小饺子可以连汤一起喂给宝宝吃，既美味又能补充水分。

鲜汤小饺子

将米饭与鸡蛋混合后，炒制出的饭口感更加软嫩。

虾仁蛋炒饭

1. 鲜汤小饺子

原料：白菜 30 克，鸡蛋 1 个，猪瘦肉末 50 克，饺子皮 10 张，排骨汤适量。

做法：①白菜洗净，剁碎，用纱布挤出部分水分；鸡蛋取蛋黄打散，炒熟。②将白菜碎、炒熟的鸡蛋与猪瘦肉末混合做成馅，用饺子皮包成小饺子。③排骨汤煮沸，下饺子煮熟即可。

功效：均衡补充营养。

2. 虾仁蛋炒饭

原料：米饭 50 克，鸡蛋 1 个，鲜香菇 2 朵，虾仁 5 只，胡萝卜丁适量。

做法：①鸡蛋打散倒入米饭中拌匀；鲜香菇洗净，切丁；虾仁去虾线洗净、切丁。②油锅烧热，放米饭炒至米粒松散，放虾仁丁、胡萝卜丁、香菇丁，炒熟即可。

功效：提供营养和热量。

3. 玉米糊饼

原料：玉米粒 100 克，葱花适量。

做法：①将玉米粒用豆浆机打碎，加适量的水，搅成糊状；把葱花一同放到玉米糊中拌匀。②油锅烧热，倒入玉米糊，在锅中煎成薄饼，两面都煎熟即可。

功效：增强肠道蠕动，预防便秘。

4. 冬瓜肝泥卷

原料：猪肝、冬瓜各 30 克，馄饨皮 6 个，盐适量。

做法：①冬瓜去皮、去瓤，洗净，切末；猪肝洗净，加水剁成泥。②猪肝泥和冬瓜末混合，加盐和成馅，用馄饨皮卷好，上锅蒸熟即可。

功效：补血、抗流感。

5. 素菜包

功效： 素菜包中的蔬菜可以提供丰富的维生素 C 和 B 族维生素，为宝宝的健康成长护航，让宝宝的免疫功能得到提高。宝宝少生病，才会更聪明。

原料： 面粉 100 克，小白菜 50 克，鲜香菇 3 朵，豆腐干、酱油、香油、酵母各适量。

维生素

不爱吃菜的宝宝，可在馅中适量加些肉。

做法：

1 面粉加水和酵母，和成面团，放温暖处发酵，发好后做成若干圆面皮。

2 小白菜择洗干净，入热水中焯熟，切碎，挤去水分。

3 鲜香菇、豆腐干洗净，一同切碎，放入碗中，加入小白菜碎、香油、酱油拌成馅，包入面皮中，上锅蒸熟即可。

2岁后：宝宝爱吃的营养餐

妈妈锦囊

包子皮要薄一点，这样宝宝一口咬下去才能咬到馅。

1. 虾皮白菜包

原料：小白菜50克，鸡蛋1个，包子皮、虾皮各适量。

做法：①鸡蛋打散备用；小白菜洗净切末，挤出水分。②油锅烧热，放入虾皮炒香，再将鸡蛋液倒入搅碎炒熟，小白菜末放入虾皮鸡蛋中翻炒，制成包子馅。③将馅料包入包子皮中，上笼屉蒸熟即可。

功效：补钙。

2. 面包比萨

原料：全麦面包片1片，奶酪、胡萝卜、黄瓜、玉米粒、番茄酱各适量。

做法：①胡萝卜、黄瓜洗净，切粒；玉米粒焯熟。②在全麦面包片上挤适量番茄酱，放胡萝卜粒、黄瓜粒、玉米粒、奶酪，放入烤箱中烤10分钟即可。

功效：长智力、补体力。

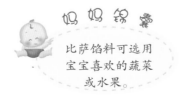

妈妈锦囊

比萨馅料可选用宝宝喜欢的蔬菜或水果。

3. 虾丸面

原料：宝宝面条50克，虾仁5只，猪肉末、黄瓜片、木耳、盐各适量。

做法：①虾仁去虾线，洗净剁碎，加猪肉末、盐拌匀做成虾丸。②宝宝面条煮熟，盛入碗中。③将虾丸、木耳、黄瓜片放入沸水中煮熟，盛出放入面中即可。

功效：促进新陈代谢。

4. 蛋包饭

原料：米饭1碗，鸡蛋1个，培根丁、玉米粒、豌豆、洋葱丁各适量。

做法：①豌豆、玉米粒焯熟；鸡蛋打散。②油锅烧热，放培根丁、洋葱丁、玉米粒、豌豆及米饭炒匀盛出。③将鸡蛋摊成蛋皮，放炒匀的蔬菜和米饭后叠起即可。

功效：全面补充营养，增强体力。

5

6

8

9

5. 肉泥洋葱饼

原料：猪肉20克，面粉50克，洋葱碎、盐各适量。

做法：①猪肉洗净剁成泥。②将面粉、猪肉泥、洋葱碎混合，加盐和适量水和成面糊。③油锅烧热，倒入面糊制成小饼，两面煎熟即可。

功效：补钙、补铁。

6. 三文鱼芋头三明治

原料：三文鱼肉50克，芋头2个，面包片2片，西红柿片、盐各适量。

做法：①三文鱼肉蒸熟捣碎；芋头蒸熟，去皮捣碎，加三文鱼泥、盐拌匀。②将两片面包片中夹入三文鱼芋头泥和西红柿片，切成三角形即可。

功效：提高免疫力。

7

妈妈锦囊

黑米面不易消化，每次给宝宝吃一点就可以了。

7. 黑米馒头

原料：面粉100克，黑米面200克，酵母4克。

做法：①面粉、黑米面、酵母混合，加水和成面团，放在温暖处饧发。②待面团发酵后，制成馒头，入锅蒸熟即可。

功效：健身暖胃。

8. 芝麻酱花卷

原料：面粉80克，芝麻酱20克，酵母、盐各适量。

做法：①将面粉和酵母加水和匀，放温暖处发酵；芝麻酱加盐调匀。②面团擀成长片，抹芝麻酱卷起，切相等的段，每2段叠起拧成花卷，上锅蒸熟即可。

功效：促进宝宝骨骼、牙齿发育。

9. 玉米面发糕

原料：玉米面、面粉各80克，酵母、薄荷叶各适量。

做法：①面粉、玉米面、酵母混合加水揉成面团。②把面团放温暖处饧发40分钟。③发好的面团上锅大火蒸20分钟，关火后立即取出，切厚片，点缀薄荷叶即可。

功效：健胃消食。

天妇罗虾饭团

别致的造型一下就吸引了宝宝，
聪明的妈妈让宝宝爱上吃饭。
在饭团中加入一部分糯米，
可使饭更具黏性，易于整形。

海苔饭团促进骨骼发育

海苔、银鱼、豌豆、蛋黄压碎，
与米饭团成饭团，滚上芝麻，
可补钙、补锌、补DHA，
让宝宝拥有好身体。

☆ Tips:
煮饭时水量要控制好，尽量不要加
太多水，否则饭团没有颗粒感。

10. 杂粮水果饭团

B 族维生素
维生素 C

功效： 杂粮含有丰富的 B 族维生素、钙、铁、锌等营养素，可提高宝宝的抵抗力。很多宝宝不喜欢吃杂粮，那就放入宝宝喜欢的水果吧，能补充丰富的维生素，让宝宝更健康、更强壮。

原料： 香蕉 1 根，火龙果 1 个，紫米、红豆、糙米各 30 克。

做法：

1 紫米、红豆、糙米分别洗净，用水浸泡 1 小时后，放入电饭锅中煮熟成杂粮饭。

2 香蕉、火龙果各剥皮切成小块备用。

3 将煮好的杂粮饭平铺在手心，放入香蕉块、火龙果块，捏成饭团，放到便当盒中即可。

11. 双味三明治

蛋白质
维生素

功效：三明治的营养丰富，含有丰富的蛋白质和多种维生素，为宝宝的发育提供充足的营养。沙拉酱可提升宝宝的食欲，让宝宝有个好胃口。

原料：吐司 2 片，荷包蛋 1 个，黄瓜片、虾仁、沙拉酱各适量。

做法：

1 虾仁用适量盐、腌制片刻，下热油锅滑炒至熟后，切碎。

2 取 1 片吐司，铺上一层黄瓜片，将虾仁碎再铺在黄瓜片上，放上荷包蛋。

百变花样，
宝宝更爱吃

❤️ 土豆沙拉三明治
土豆、苹果、鸡蛋一起来，
做成美味三明治，
面包片尽量选择全麦的。

❤️ 手卷三明治
虾仁、芦笋、奶酪搭配，
一起卷进吐司面包里，
这样的早餐真美味。

3 淋上沙拉酱，再盖上一片吐司，切去吐司边，切成小块即可。

☆ Tips:
将食材尽量往面包片中间放，旁边留出缝隙，这样切开时，食材不易掉出。

附录　宝宝食疗餐单

感冒

感冒是宝宝最常见的一种病症。从中医角度来看，感冒可以分为风寒感冒、风热感冒和暑热感冒，每种感冒的起因和表现也是不同的。风寒感冒的宝宝，可喝生姜红糖水发汗驱寒；风热感冒的宝宝发热较重，要及时补充水分；暑热感冒的宝宝宜多喝绿豆汤、西瓜汁、冬瓜汤等具有清热去火作用的食物。

宝宝不喜欢姜味，喂前应挑出。

8个月以上

1岁以上

1岁半以上

1. 葱白粥

原料： 大米50克，葱白2根。

做法： ①大米淘洗干净，浸泡1小时。②将大米放入锅中，加水煮粥，将熟时放入葱白，煮熟即可。

功效： 葱白性温，可发汗解表，适用于风寒型感冒。

2. 梨粥

原料： 梨1个，大米50克。

做法： ①大米淘洗干净，浸泡1小时；梨去皮、去核，切小丁。②将大米洗净，放入锅中，加入梨丁和水熬煮成粥即可。

功效： 梨有润肺的作用，吃梨可改善呼吸系统和肺功能，让宝宝远离风热、暑热感冒困扰。

3. 陈皮姜粥

原料： 陈皮、姜丝各10克，大米30克。

做法： ①大米洗净、浸泡1小时；锅中放大米陈皮、姜丝，加水大火煮沸后，转小火煮熟。②晾温后给宝宝饮用。

功效： 姜、陈皮都是辛温食物，能发汗解表，理肺通气，对风寒感冒有缓解作用。

咳嗽

咳嗽是宝宝最常见的一种呼吸道疾病，如果不能及时治疗，可能会引发支气管炎、肺炎等。咳嗽一年四季都可发生，但以冬、春季节最为多见。引起宝宝咳嗽的原因有很多，妈妈要区别对待。咳嗽时急速气流从呼吸道中带走水分，造成黏膜缺水，应注意给宝宝多喝水、多吃水果；少吃辛辣甘甜食品，否则会加重宝宝咳嗽症状。

梨块煮软一些，再喂给宝宝吃。

7个月以上

1岁以上

1岁半以上

1. 荸荠水

原料： 荸荠 10 个。

做法： ①荸荠去皮，去蒂，切成小块。②将荸荠块放入锅中，倒入适量的水，大火煮沸后撇去浮沫，转小火煮至荸荠全熟，过滤出汁液即可。

功效： 荸荠有生津润肺、清热化痰、治疗肺热咳嗽的作用。

2. 川贝炖梨

原料： 梨 1 个，冰糖 5 克，川贝 3 克。

做法： ①川贝敲碎成末，备用。②将梨对半切开，中间挖空，放入冰糖、川贝末，隔水蒸熟后用勺子刮泥或切成小块，分 2 次喂给宝宝吃。**功效：** 此方有润肺、止咳、化痰的作用，对风热咳嗽的宝宝尤其有效。

3. 烤橘子

原料： 橘子 1 个。

做法： ①将橘子直接放在火上烤，并不断翻动，烤到橘皮发黑，冒热气即可。②待橘子稍凉一些，让宝宝吃温热的橘瓣。**功效：** 橘子性温，有化痰止咳的作用，适用于风寒咳嗽。

湿疹

　　小儿湿疹，俗称"奶癣"，是一种常见的过敏性皮肤病。婴幼儿阶段的宝宝，皮肤发育尚不健全，最外层表皮的角质层很薄，毛细血管网丰富，易发生过敏反应。因此，宝宝的食物中要有丰富的维生素、矿物质和水，而碳水化合物和脂肪要适量，少吃盐，以免体内积液太多。母乳喂养的宝宝如果患了湿疹，哺乳妈妈要暂停吃那些易导致过敏的食物。

玉米汤不加冰糖也好吃。

6个月以上

1岁以上

2岁以上

1. 红枣泥

原料：红枣 20 颗。

做法：①将红枣洗净，放入锅内，加入适量水煮至红枣烂熟。②煮熟后去掉红枣皮、核，捣成泥状，加适量水再煮片刻即可。

功效：红枣中含有大量的抗过敏物质——环磷酸腺苷，可缓解宝宝皮肤瘙痒。

2. 玉米汤

原料：玉米须、玉米粒、冰糖各适量。

做法：①玉米须、玉米粒洗净，加冰糖、水煮熟。②过滤掉玉米须、玉米粒，取汁饮用即可。

功效：健脾利湿，可改善湿疹症状。

3. 豆腐菊花羹

原料：豆腐 100 克，野菊花 10 克，蒲公英 15 克，盐适量。

做法：①野菊花、蒲公英加水煎煮取汁约 200 毫升。②豆腐切小丁，加入菊花蒲公英药液中，炖煮至熟，最后用盐调味即可。

功效：此羹可用于湿疹、皮肤瘙痒症恢复期的食疗。

腹泻

　　腹泻是婴幼儿常见的多发性疾病，有生理性腹泻、胃肠道功能紊乱导致的腹泻、感染性腹泻等。从治疗角度讲，对于非感染性腹泻，要以饮食调养为主。对于感染性腹泻，则要在药物治疗的基础上进行辅助食疗。进食无膳食纤维、低脂肪的食物，能使宝宝的肠道减少蠕动，同时营养成分又容易被吸收，此时宝宝的膳食应以软、烂、温、淡为原则。

6个月以上

7个月以上

山楂可助消化，一次给宝宝吃10~15克即可。

2岁以上

1. 焦米糊

原料：大米50克。

做法：①将大米放入炒锅中炒至焦黄，研成细末。②在焦米粉中加入适量的水，煮成稀糊状即可。

功效：大米有补中益气、健脾养胃、聪耳明目、止渴的功效。炒焦了的米已部分炭化，有吸附毒素和止泻的作用。

2. 白粥

原料：大米50克。

做法：①大米淘洗干净，浸泡30分钟。②大米入锅，加适量水，大火烧沸后改小火熬煮熟烂即可。

功效：大米有止渴、止泻的功效，是腹泻宝宝理想的止泻辅食。

3. 胡萝卜山楂汁

原料：胡萝卜2根，山楂15克，红糖适量。

做法：①胡萝卜洗净，去皮，切条；山楂去核洗净。②将胡萝卜条和山楂放入锅中，加适量水煎煮取汁，调入红糖即可。

功效：山楂除了我们所知的开胃促消化的功效外，还有平喘化痰，治疗腹痛、腹泻的作用。

图书在版编目（CIP）数据

妈妈这样做，宝宝不挑食不偏食 / 刘桂荣主编 . -- 南京：江苏
凤凰科学技术出版社，2018.2
（汉竹·亲亲乐读系列）
ISBN 978-7-5537-8594-3

Ⅰ . ①妈… Ⅱ . ①刘… Ⅲ . ①婴幼儿－食谱 Ⅳ . ① TS972.162

中国版本图书馆 CIP 数据核字 (2017) 第 248240 号

中国健康生活图书实力品牌

妈妈这样做，宝宝不挑食不偏食

主　　　编	刘桂荣
编　　　著	汉　竹
责 任 编 辑	刘玉锋　张晓凤
特 邀 编 辑	苑　然　李佳昕　张　欢
责 任 校 对	郝慧华
责 任 监 制	曹叶平　方　晨

出 版 发 行	江苏凤凰科学技术出版社
出版社地址	南京市湖南路 1 号 A 楼，邮编：210009
出版社网址	http://www.pspress.cn
印　　　刷	南京新世纪联盟印务有限公司

开　　　本	715 mm × 868 mm　1/12
印　　　张	14
字　　　数	120 000
版　　　次	2018 年 2 月第 1 版
印　　　次	2018 年 2 月第 1 次印刷

标 准 书 号	ISBN 978-7-5537-8594-3
定　　　价	45.00 元

图书如有印装质量问题，可向我社出版科调换。